한 권 으 로

완 성 하 는

기 출

교 육 청 · 사 관 · 경 찰

×

기 하

———

정 답 및 해 설

이해원 지음

| 차례 |

PART

1

2005 ~ 2025

교육청·사관학교·경찰대 핵심

교육청·사관학교·경찰대 문항은 기출문제 중에서 평가원·수능 기출 다음으로 중요합니다. 2017~2025 4점 모든 문항과 2005~2016 4점 선별 문항 중 중요도에 따라 Part를 구분했기 때문에 '한완기'를 Part 순서대로 풀어나가면 자연스럽게 효율적인 기출 문항 공부를 할 수 있습니다.

한 권 으 로
완 성 하 는
기 출

PART
1

2005~2025 교육청 · 사관학교 · 경찰대 핵심

1장   이차곡선

A·01

| 2016.4·가 13번 |

정답률 82%

교과서적 해법

주어진 포물선의 방정식은 $y^2 = 4 \cdot 2x$ 이므로 초점 F 의 좌표는 $(2, 0)$, 준선은 $x = -2$ 이다.

$\overline{PF} = k$ 라 하자. 포물선의 정의에 의해 점 P 에서 준선까지의 거리는 $\overline{PF}$ 인데 이 값이 k 이므로

$$\overline{HF} = k - (\text{초점 F 에서 준선까지 거리}) = k - 4$$
$$\rightarrow \ (\text{점 P 의 } x \text{좌표}) = 2 + (k - 4) = k - 2$$

이때 $\overline{PH}$ 는 점 P 의 y 좌표이므로 포물선의 방정식에 대입하면

$$y^2 = 8(k - 2) \ \rightarrow \ \overline{PH} = 2\sqrt{2(k - 2)}$$

△PFH 의 넓이가 $3\sqrt{10}$ 이므로

$$\frac{1}{2}(k - 4) \cdot 2\sqrt{2(k - 2)} = 3\sqrt{10}$$
$$\rightarrow \ (k - 4)^2(k - 2) = 45$$
$$\rightarrow \ (k - 7)(k^2 - 3k + 11) = 0$$

$$\therefore \ k = \overline{PF} = 7 \ (\because k \text{는 실수})$$

정답 ③

A·02

| 2019.4·가 26번 |

정답률 83%

교과서적 해법

주어진 포물선의 방정식은 $y^2 = 4 \cdot 2x$ 이므로 초점 F 의 좌표는 $(2, 0)$, 준선은 $x = -2$ 이다.

준선 위의 점 P 에 대하여 $\overline{PQ} = \overline{QF} = 10$ 이므로 포물선의 정의에 의해 다음과 같이 좌표평면 위에 나타낼 수 있다.

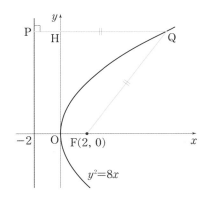

$\overline{PH} = 2$ 이므로

$$\overline{HQ} = \overline{PQ} - \overline{PH} = 10 - 2 = 8$$

따라서 포물선 $y^2 = 8x$ 위의 점 Q$(8, k)$ 에 대하여

$$k^2 = 8^2 \ \rightarrow \ k = 8 \ (\because k > 0)$$

정답 8

A·03

| 2023.4·기하 27번 |

정답률 65%

교과서적 해법

원 C 의 반지름의 길이를 $r (r > 0)$ 라 하면 타원의 장축의 길이는 $2(5 + r)$ 이고 $\overline{QF'} = \frac{3}{2}\overline{PF} = \frac{3}{2}r$ 이다. 따라서 타원의 정의에 의해

$$\overline{QF} = 2(5 + r) - \overline{QF'} = 2(5 + r) - \frac{3}{2}r = 10 + \frac{1}{2}r$$

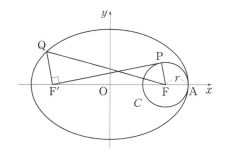

이때 직선 PF′ 은 원 C 에 접하므로 $\overline{PF'} \perp \overline{PF}$ 이다. 따라서 피타고라스의 정리에 의해

$$\overline{FF'}^2 = \overline{PF}^2 + \overline{PF'}^2 \ \rightarrow \ \overline{PF'}^2 = 100 - r^2$$

그림에서 네 변 QF′, PF, QF, PF′ 을 알고 있으므로 직선 PF′ 을 점 P 가 점 F 가 될 때까지 평행이동하여 큰 직각삼각형에서 피타고라스의 정리를 활용할 수 있다.

점 F를 지나고 직선 PF'에 평행한 직선과 직선 QF'의 교점을 R라 하면

$$\overline{QR} = \overline{QF'} + \overline{F'R} = \frac{5}{2}r$$

$$\overline{FR} = \overline{PF'} = \sqrt{100 - r^2}$$

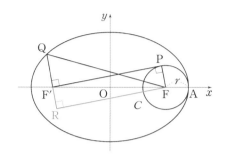

$$\overline{QF}^2 = \overline{QR}^2 + \overline{FR}^2$$

$$\rightarrow \left(10 + \frac{1}{2}r\right)^2 = \left(\frac{5}{2}r\right)^2 + (100 - r^2)$$

$$\rightarrow 100 + 10r + \frac{1}{4}r^2 = \frac{25}{4}r^2 + 100 - r^2$$

$$\rightarrow 5r^2 - 10r = 5r(r - 2) = 0$$

$$\rightarrow r = 2 \ (r > 0)$$

$$\therefore (\text{타원의 장축의 길이}) = 2(5 + r) = 14$$

정답 ④

A·04　　　　　　|2016.7·가 10번|
정답률 85%　　Pattern　2　Thema

[교과서적] 해법

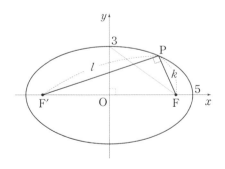

$F(c, 0)$이라 하고 타원에서 직각삼각형을 이용하면

$$c = \sqrt{5^2 - 3^2} = 4$$

$\overline{PF} = k$, $\overline{PF'} = l$이라 하자. △PFF'에서 피타고라스의 정리에 의해

$$k^2 + l^2 = \overline{FF'}^2 = 64$$

이때 장축의 길이가 10이므로 타원의 정의에 의해 $k + l = 10$임을 알 수 있다.

$$\therefore (\triangle FPF' \text{의 넓이}) = \frac{1}{2}k \cdot l = \frac{1}{2} \cdot \frac{(k + l)^2 - (k^2 + l^2)}{2} = 9$$

정답 ④

A

A·05　　　　　　|2007.10·가 21번|
정답률 74%　　Pattern　2　Thema

[교과서적] 해법

원의 반지름의 길이를 r라 하면 주어진 타원의 장축과 단축의 길이는 각각

$$(\text{장축의 길이}) = 2(10 - r), \quad (\text{단축의 길이}) = 2(6 - r)$$

이다. 이때 두 초점 사이의 거리가 $4\sqrt{10}$이므로 타원에서 직각삼각형을 떠올리면

$$(6 - r)^2 + (2\sqrt{10})^2 = (10 - r)^2 \quad \rightarrow \quad r = 3$$

$$\therefore (\text{장축의 길이}) = 2(10 - r) = 14$$

정답 14

A·06　　　　　　|2005.10·가 23번|
정답률 79%　　Pattern　2　Thema

[교과서적] 해법

$$(\square ADBC \text{의 넓이}) = (\triangle ACD \text{의 넓이}) + (\triangle BCD \text{의 넓이})$$

이고 두 삼각형 ACD, BCD의 밑변을 선분 CD로 잡으면 구하는 넓이는

$$(\square ADBC \text{의 넓이}) = \frac{1}{2} \times \overline{AF} \times \overline{CD} + \frac{1}{2} \times \overline{BF} \times \overline{CD}$$

$$= \frac{1}{2} \times \overline{AB} \times \overline{CD}$$

$$= a \times \overline{AB}$$

이므로 두 점 A, B의 y좌표의 차만 구하면 된다. 두 점의 x좌표가 c이므로 주어진 타원의 방정식에 대입하면

$$\frac{c^2}{a^2}+\frac{y^2}{16}=1 \quad \rightarrow \quad y^2 = 16\left(1-\frac{c^2}{a^2}\right) = \frac{16(a^2-c^2)}{a^2}$$
$$\rightarrow \quad y = \pm\frac{4}{a}\sqrt{a^2-c^2}$$
$$\rightarrow \quad \overline{AB} = \frac{8}{a}\sqrt{a^2-c^2}$$

이다. 이때 타원에서 직각삼각형을 떠올리면 $a^2-c^2=16$ 이므로

$$\overline{AB} = \frac{8}{a}\sqrt{16} = \frac{32}{a}$$

$$\therefore (\square ADBC 의 넓이) = a \times \frac{32}{a} = 32$$

정답   32

A·07

정답률 48%   Pattern   4   Thema | 2024.5·기하 27번 |

교과서적   해법

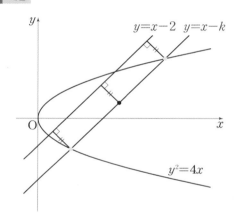

점과 직선 사이의 거리를 생각해보면 직선 $y=x-2$ 와 평행한 어떤 직선 위에 존재하는 점들은 모두 직선 $y=x-2$ 으로부터의 거리가 같다. 즉, 기울기가 1인 어떤 직선 $y=x-k$ 와 포물선 $y^2=4x$ 의 교점이 문제에서 구하고자 하는 P, Q, R 가 된다.

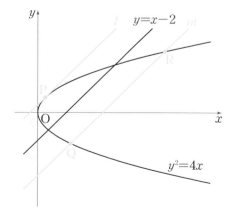

직선 $y=x-2$ 로부터의 거리가 같은 포물선 위의 점이 3개뿐이므로 한 직선은 포물선에 접해야 한다. 그때의 접점을 P, 접선을 l 이라 하고 나머지 직선을 m, 직선 m 과 포물선의 교점 중 x 좌표가 작은 점을 Q, 큰 점을 R 라 하자.

이제 직선 l 과 m 을 구해보자. 포물선에 접하는 직선의 기울기가 주어져 있으므로 포물선에 기울기 공식 $y=mx+\frac{p}{m}$ 에 대입할 생각을 해야 한다.

$$l : y = x+1$$

이때 점 P와 직선 $y=x-2$ 사이의 거리와 점 Q, R 와 직선 $y=x-2$ 사이의 거리가 같으므로 직선 l 과 직선 $y=x-2$ 의 y 절편의 차이는 직선 $y=x-2$ 와 직선 m 의 y 절편의 차이와 같다. 따라서

$$m : y = x-5$$

이다. 마지막으로 $\overline{PF}+\overline{QF}+\overline{RF}$ 를 구해보자. 그림과 같이 준선에 수선의 발 P′, Q′, R′ 을 내리면 포물선의 정의에 의해

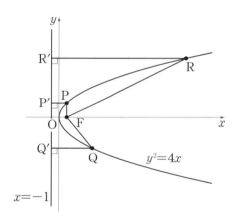

$$\begin{aligned}
\overline{PF}+\overline{QF}+\overline{RF} &= \overline{P'F}+\overline{Q'F}+\overline{R'F} \\
&= \{(P 의 \, x좌표)+1\} \\
&\quad +\{(Q 의 \, x좌표)+1\} \\
&\quad\quad +\{(R 의 \, x좌표)+1\}
\end{aligned}$$

세 점 P, Q, R 의 x 좌표를 각각 x_1, x_2, x_3 이라 하면 직선 l 과 포물선의 방정식을 연립하여 x_1, 직선 m 과 포물선의 방정식을 연립하여 x_2, x_3 을 구할 수 있다.

$$(x+1)^2 = 4x \quad \rightarrow \quad x_1 = 1$$

$$(x-5)^2 = 4x \quad \rightarrow \quad x_2 + x_3 = 14 \ (\because \text{근과 계수의 관계})$$

$$\therefore \ \overline{PF} + \overline{QF} + \overline{RF} \ = \ x_1 + (x_2 + x_3) + 3 \ = \ 18$$

정답 ③

A·08

|2024.3·기하 27번|

정답률 68%

| Pattern | 4 | Thema | 6 |

실전적 해법

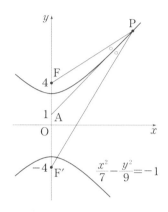

$$\frac{x^2}{7} - \frac{y^2}{9} = -1$$

쌍곡선 $\dfrac{x^2}{7} - \dfrac{y^2}{9} = -1$ 의 두 초점의 좌표는 $F(0, 4)$, $F'(0, -4)$ 이고, 주축의 길이는 6이다. 이때 점 $(0, 1)$ 을 A 라 하면 [실전 개념]-각의 이등분선의 정리$^{\text{Thema 25p}}$에 의해

$$\overline{FP} : \overline{F'P} \ = \ \overline{AF} : \overline{AF'} \ = \ 3 : 5$$

이므로 $\overline{FP} = 3k$, $\overline{F'P} = 5k$ 라 하면 쌍곡선의 정의에 의해

$$\overline{F'P} - \overline{FP} \ = \ 2k \ = \ 6 \quad \rightarrow \quad k = 3$$

$$\therefore \ \overline{FP} + \overline{F'P} \ = \ 8k \ = \ 24$$

정답 ①

A·09

|2023.3·기하 27번|

정답률 74%

| Pattern | 4 | Thema | |

교과서적 해법

쌍곡선 위의 두 점 P, Q 에 대해 두 초점과 연결된 선분이 이미 그려져 있으므로 쌍곡선에 추가적인 작도는 필요하지 않다.

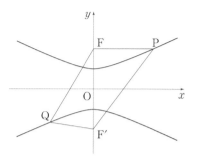

쌍곡선의 방정식 $\dfrac{x^2}{12} - \dfrac{y^2}{4} = -1$ 에서 주축의 길이가 $2\sqrt{4} = 4$ 이므로 쌍곡선의 정의에 의해

$$\overline{PF'} - \overline{PF} \ = \ \overline{QF} - \overline{QF'} \ = \ 4$$

문제의 주어진 조건 $\overline{PF} = \dfrac{2}{3}\overline{QF}$ 를 활용하기 위해 편의상 $\overline{PF} = 2k$, $\overline{QF} = 3k$ 라 하면

$$\overline{PF'} = 2k + 4, \quad \overline{QF'} = 3k - 4$$

라 할 수 있다. 이때, $\overline{PF'} - \overline{QF'} = 5$ 이므로 이를 대입하면

$$\overline{PF'} - \overline{QF'} \ = \ (2k+4) - (3k-4) \ = \ 8 - k \ = \ 5$$
$$\rightarrow \quad k = 3$$

$$\therefore \ \overline{PF} + \overline{QF} \ = \ 2k + 3k \ = \ 5k \ = \ 15$$

정답 ④

A·10

Pattern 04　Thema

교과서적 해법

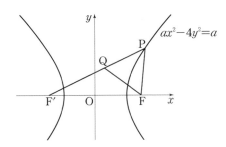

쌍곡선 위의 점 P에 대하여 두 초점과 연결한 선분이 이미 그려져 있으므로 쌍곡선에 추가적인 작도를 할 필요는 없다. 쌍곡선의 방정식 $ax^2 - 4y^2 = a$를 정리하면

$$ax^2 - 4y^2 = a \quad \Leftrightarrow \quad x^2 - \frac{y^2}{\frac{a}{4}} = 1$$

이므로 쌍곡선 $ax^2 - 4y^2 = a$의 주축의 길이는 2이다. 따라서 쌍곡선의 정의에 의해

$$\overline{PF'} - \overline{PF} = 2 \quad \Leftrightarrow \quad \overline{PF'} = \sqrt{6} + 1$$

이때 $\angle FPF' = \frac{\pi}{3}$이므로 $\triangle PFF'$에서 코사인법칙에 의해

$$\begin{aligned}
\overline{FF'} &= \sqrt{\overline{PF}^2 + \overline{PF'}^2 - 2\,\overline{PF}\cdot\overline{PF'}\cos\frac{\pi}{3}} \\
&= \sqrt{(\sqrt{6}-1)^2 + (\sqrt{6}+1)^2 - 2(\sqrt{6}-1)(\sqrt{6}+1)\cdot\frac{1}{2}} \\
&= \sqrt{9} = 3
\end{aligned}$$

이고, 쌍곡선 $ax^2 - 4y^2 = a$의 두 초점의 좌표는 $F\left(\sqrt{1+\frac{a}{4}},\, 0\right)$, $F\left(-\sqrt{1+\frac{a}{4}},\, 0\right)$이므로

$$\overline{FF'} = 2\sqrt{1+\frac{a}{4}} = 3 \quad \Leftrightarrow \quad 4\left(1+\frac{a}{4}\right) = 9$$

$$\therefore a = 5$$

정답 ②

A·11

정답률 70%

Pattern 04　Thema

교과서적 해법

포물선 $x^2 = 8(y+2)$는 포물선 $x^2 = 8y$를 y축의 방향으로 -2만큼 평행이동한 곡선이다. 즉, 포물선 $x^2 = 8y$의 초점이 $(0, 2)$, 준선이 $y = -2$이므로 y축의 방향으로 -2만큼 평행이동하면 포물선 $x^2 = 8(y+2)$의 초점 $F(0, 0)$, 준선 $y = -4$를 얻을 수 있다.

이때 문제에서 포물선 $x^2 = 8(y+2)$의 준선거리와 초점거리에 대한 조건이 주어져 있으므로 포물선의 정의인 (초점거리=준선거리)를 그림에서 확인할 수 있도록 그래프를 그려보자.

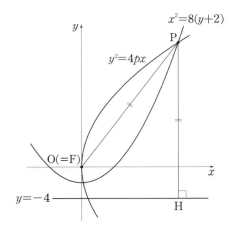

포물선의 정의에 의해 $\overline{PF} = \overline{PH}$이므로

$$\overline{PH} + \overline{PF} = 2\overline{PH} = 40 \quad \rightarrow \quad \overline{PH} = 20$$

따라서 점 P의 y좌표는 16이므로 포물선 $x^2 = 8(y+2)$에 대입하면[1]

$$x^2 = 8(16+2) \quad \Leftrightarrow \quad x^2 = 144$$
$$\rightarrow \quad x = 12 \ (\because \text{점 P는 제1사분면 위의 점})$$

이제 점 $P(12, 16)$을 포물선 $y^2 = 4px$에 대입하면

$$\therefore 16^2 = 48p \quad \rightarrow \quad p = \frac{16}{3}$$

CHECK 각주　　　　　　　　　　　해설 본문의 각주

1) 점 P에서 x축에 내린 수선의 발을 H'이라 하고 $\triangle PFH'$가 $\overline{PF} = 20$, $\overline{PH'} = 16$인 직각삼각형임을 알아챘다면 바로 점 P의 x좌표가 12임을 얻을 수 있다.

정답 ①

A·12

|2022.3·기하 27번|

정답률 54%   Pattern   4   Thema

교과서적 **해법**

포물선의 정의인 (초점거리=준선거리)를 그림에서 확인할 수 있도록 그래프를 그려보자.

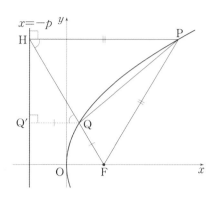

점 Q에서 준선에 내린 수선의 발을 Q′이라 하면 포물선의 정의에 의해 $\overline{QQ'}=\overline{QF}$이다. 따라서 (가)조건에 의해

$$\overline{QH}=2\overline{QF}=2\overline{QQ'}\quad\rightarrow\quad\cos(\angle HQQ')=\frac{1}{2}$$

이므로 $\angle PHQ=\angle HQQ'=\dfrac{\pi}{3}$이다. 이때 $\triangle PFH$는 한 각의 크기가 $\dfrac{\pi}{3}$인 이등변삼각형이므로 정삼각형이다. 따라서

$$F(p,\,0)\quad\rightarrow\quad\overline{PH}=4p$$
$$\rightarrow\quad(\text{정삼각형 } PFH \text{의 넓이}) = 4\sqrt{3}\,p^2$$

이므로 (가)조건에 의해

$$(\triangle PQF \text{의 넓이}) = \frac{1}{3}\cdot4\sqrt{3}\,p^2 = \frac{8\sqrt{3}}{3}$$

$$\therefore\ p^2=2\quad\rightarrow\quad p=\sqrt{2}\ (\because\ p>0)$$

정답 ①

A·13

|2021.3·기하 27번|

정답률 72%   Pattern   4   Thema

교과서적 **해법**

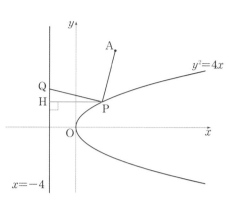

먼저 점 P를 고정하고 $\overline{PQ}$의 최솟값을 생각하면 점 Q가 점 P에서 직선 $x=-4$에 내린 수선의 발 H일 때 $\overline{PQ}$의 값이 최소임을 알 수 있다.

이때 포물선의 준선이 $x=-1$이므로 $\overline{PH}-3$은 포물선의 준선거리와 같다. 따라서 포물선의 정의인 (초점거리=준선거리)를 그림에서 확인할 수 있도록 그래프를 그려보자.

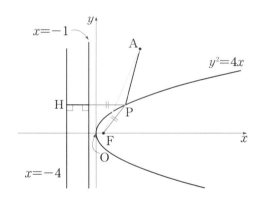

포물선의 정의에 의해

$$\overline{AP}+\overline{PH} = \overline{AP}+(\overline{PH}-3)+3 = \overline{AP}+\overline{PF}+3$$

즉, 구하는 $\overline{AP}+\overline{PQ}$의 최솟값은 곧 $\overline{AP}+\overline{PF}+3$의 최솟값이므로 $\overline{AP}+\overline{PF}$의 값이 최소일 때를 찾아야 한다. 그림을 통해 점 P가 선분 AF 위에 있을 때 $\overline{AP}+\overline{PF}$의 값이 $\overline{AF}$로 최소임을 쉽게 알 수 있다. 초점 F의 좌표가 $(1,\,0)$임을 활용하자.

$$\therefore\ (\overline{AP}+\overline{PQ}\text{의 최솟값}) = \overline{AF}+3 = \sqrt{(6-1)^2+12^2}+3$$
$$= 16$$

정답 ③

A·14 | 2019.10·가 11번 |

정답률 91%   Pattern 04   Thema

교과서적 해법

포물선 $y^2 = 4 \cdot px$ 에서 초점이 F$(p, 0)$, 준선의 방정식이 $x = -p$ 임을 알 수 있다.

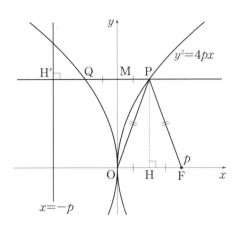

주어진 두 포물선이 y축에 대하여 대칭이므로 선분 PQ의 중점을 M, 점 P에서 x축에 내린 수선의 발을 H라 하면

$$\overline{QM} = \overline{MP} = \overline{OH}$$

이다. 이때 이등변삼각형 POF에 대하여 $\overline{OH} = \overline{HF}$ 이므로 발문의 조건 $\overline{PQ} = 6$ 에 의해

$$\overline{QM} = \overline{MP} = \overline{OH} = \overline{HF} = 3$$
$$\rightarrow \quad p = \overline{OH} + \overline{HF} = 6$$

점 P에서 준선에 내린 수선의 발을 H′ 이라 하면 포물선의 정의에 의해

$$\overline{PF} = \overline{PH'} = \overline{H'M} + \overline{MP} = p + 3 = 9$$

정답 ③

A·15 | 2018.4·가 12번 |

정답률 88%   Pattern 04   Thema

교과서적 해법

타원의 장축의 길이를 $2a$ 라 하자.

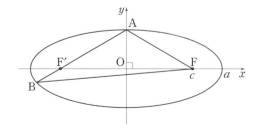

타원의 정의에 의해

$$\overline{AF} + \overline{AF'} = 2a, \quad \overline{BF} + \overline{BF'} = 2a$$
$$\Downarrow$$
$$(\triangle PQR \text{ 의 둘레의 길이}) = 2a + 2a = 16 \quad \rightarrow \quad a = 4$$

이제 타원에서 직각삼각형을 이용하면

$$c = \sqrt{4^2 - 1^2} = \sqrt{15}$$

$$\therefore (\text{선분 } FF' \text{의 길이}) = 2c = 2\sqrt{15}$$

정답 ③

A·16 | 2018.사관·가 24번 |

Pattern 04   Thema

교과서적 해법

$\overline{PF'} = a$, $\overline{PF} = b$ 라 하자. 두 점 P, Q는 중심이 F′인 원 지름의 양 끝 점이므로 $\overline{PF'} = \overline{F'Q}$ 이고, 마찬가지로 $\overline{PF} = \overline{FR}$ 임을 알 수 있다.

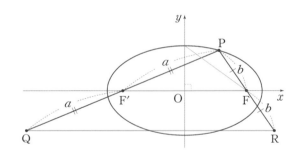

장축의 길이가 10이므로 타원의 정의에 의해

$$a + b = 10$$

타원에서 직각삼각형을 이용하면

$$c = \sqrt{5^2 - 3^2} = 4$$

이므로 삼각형의 중점연결정리에 의해

$$\overline{QR} = 2 \cdot \overline{FF'} = 2 \cdot 2c = 16$$

$$\therefore (\triangle PQR \text{ 의 둘레의 길이}) = 2(a+b) + \overline{QR} = 36$$

정답 36

A·17

정답률 90%

Pattern　4　Thema

| 2017.10·가 8번 |

교과서적 해법

포물선 $y^2 = 4 \cdot 1 x$ 에서 초점이 $F(1, 0)$, 준선의 방정식이 $x = -1$ 임을 알 수 있다.

포물선의 정의에 의해 점 A 에서 준선까지의 거리는 $\overline{AF}$ 인데 이 값이 5 이므로

$$(\text{점 A 의 } x \text{좌표}) = -1 + 5 = 4$$

이다. $H(4, 0)$ 에 대하여 $\overline{FH} = 3$ 이므로 △AFH 에서 피타고라스의 정리를 사용하면

$$\overline{AH} = \sqrt{\overline{AF}^2 - \overline{FH}^2} = \sqrt{5^2 - 3^2} = 4$$

$$\therefore (\triangle AFH \text{의 넓이}) = \frac{1}{2} \cdot 3 \cdot 4 = 6$$

정답　①

A·18

해설　Thema　1 학습

Pattern　4　Thema　1

| 2017.사관·가 10번 |

실전적 해법

주어진 포물선의 방정식은 $y^2 = 4 \cdot 1 x$ 이므로 초점의 좌표는 $(1, 0)$, 준선은 $x = -1$ 이다.

이때 포물선의 정의를 생각하면 포물선 위의 점 P 를 중심으로 하고 준선에 접하는 원은 초점을 지나야 하므로

$$B(1, 0) \; (\because (\text{점 P 의 } x \text{좌표}) > 1)$$

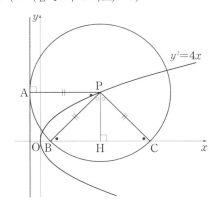

문제에서 주어진 부채꼴의 넓이 조건에서

$$\angle BPC = 2\angle APB \; \cdots \; Ⓐ$$

임을 알 수 있다. 이때 점 P 에서 x 축에 내린 수선의 발을 H 라 하면 원의 현에 대한 성질에 의해 $\angle BPH = \angle CPH$ 이므로

$$\angle BPH = \angle CPH = \angle APB \; (\because Ⓐ)$$

또한 x 축과 평행인 선분 AP 에 대하여 엇각의 성질에 의해 $\angle APB = \angle PBH$ 이므로

$$\angle BPH = \angle CPH = \angle APB = \angle PBH = \frac{\pi}{4}$$

즉, 직선 BP 와 x 축의 양의 방향이 이루는 각의 크기가 $\frac{\pi}{4}$ 이다. 따라서 [실전 개념]-포물선의 초점거리 1$^{\text{Thema 4p}}$ 에 의해

$$\overline{BP} = \frac{2 \cdot 1}{1 - \cos\frac{\pi}{4}} = 4 + 2\sqrt{2}$$

$$\therefore (\text{원의 반지름의 길이}) = \overline{BP} = 4 + 2\sqrt{2}$$

교과서적 해법

[실전적 해법]에서 삼각형 PBH 는 직각이등변삼각형이므로 점 P 를 (a, b) 라 하면

$$\overline{PH} = \overline{HB} \; \rightarrow \; b = a - 1 \; \cdots \; Ⓐ$$

이때 점 $P(a, b)$ 가 포물선 $y^2 = 4x$ 위의 점이므로

$$b^2 = 4a \; \rightarrow \; (a-1)^2 = 4a \; (\because Ⓐ)$$
$$\rightarrow \; a^2 - 6a + 1 = 0$$
$$\rightarrow \; a = 3 + 2\sqrt{2} \; (\because a > 1), \quad b = 2 + 2\sqrt{2}$$

따라서 원의 반지름의 길이는

$$\overline{BP} = \sqrt{2} b = 4 + 2\sqrt{2}$$

정답　④

A·19

| 2021.4·기하 27번 |

Pattern 04　Thema

교과서적 해법

교점 P와 두 초점을 연결한 그림을 그리자.

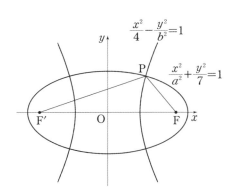

쌍곡선 $\dfrac{x^2}{4} - \dfrac{y^2}{b^2} = 1$의 주축의 길이가 4이므로 쌍곡선의 정의에 의해 $\overline{PF'} = \overline{PF} + 4 = 7$이므로 타원의 정의에 의해

$$\overline{PF} + \overline{PF'} = 10 \quad\rightarrow\quad a^2 = 25 \quad\rightarrow\quad c^2 = a^2 - 7 = 18$$

즉, 점 $F(3\sqrt{2},\,0)$이 쌍곡선 $\dfrac{x^2}{4} - \dfrac{y^2}{b^2} = 1$의 초점이므로

$$4 + b^2 = c^2 = 18 \quad\rightarrow\quad b^2 = 14$$

$$\therefore \ a^2 + b^2 = 39$$

정답 ⑤

A·20

| 2017.사관·가 24번 |

Pattern 04　Thema

교과서적 해법

$F(c,\,0)\,(c > 0)$이라 하자.

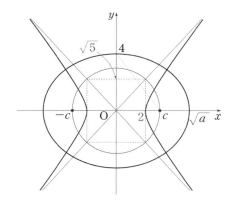

발문의 타원과 쌍곡선이 초점을 공유하므로 쌍곡선에서 직사각형과 원을 생각하고 타원에서 직각삼각형을 사용하면

$$c^2 = 4 + 5 = a - 16 \ \cdots^{[1]}$$
$$\rightarrow \quad c = 3, \quad a = 25$$

이때 타원과 쌍곡선의 교점 P에 대하여

$$\left|\overline{PF}^{\,2} - \overline{PF'}^{\,2}\right| = \left|\left(\overline{PF} + \overline{PF'}\right) \times \left(\overline{PF} - \overline{PF'}\right)\right|$$

이므로 장축의 길이가 10인 타원과 주축의 길이가 4인 쌍곡선에 대하여 정의를 사용하면

$$\overline{PF} + \overline{PF'} = 10, \quad \left|\overline{PF} - \overline{PF'}\right| = 4$$

$$\therefore \ \left|\overline{PF}^{\,2} - \overline{PF'}^{\,2}\right| = |10 \cdot 4| = 40$$

✓ CHECK　각주　　　　　　　　　　해설 본문의 각주

1) 쌍곡선의 초점이 x축 위에 있으므로 타원의 초점 또한 x축 위에 위치한다. 따라서 $a > 16$이다.

정답 40

A·21

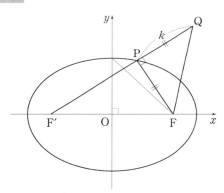

| 2019.사관·가 15번 |

Pattern 02　Thema

교과서적 해법

장축의 길이가 $2\sqrt{a}$이므로 타원의 정의에 의해

$$\overline{F'Q} = \overline{PQ} + \overline{PF'} = \overline{PF} + \overline{PF'} = 2\sqrt{a} = 10$$
$$\rightarrow \quad a = 25$$

$F(c,\,0)$이라 하고 타원에서 직각삼각형을 사용하자.

$$c = \sqrt{25 - 12} = \sqrt{13}$$

$\overline{PQ} = k$라 하자. $\overline{PF'} = 10 - k$, $\overline{PF} = k$이므로 $\triangle PF'F$에 대하여 피타고라스의 정리를 사용하면

$$(10-k)^2 + k^2 = \left(2\sqrt{13}\right)^2 \quad \rightarrow \quad k^2 - 10k + 24 = 0$$
$$\rightarrow \quad k = 4 \text{ or } k = 6$$

$\overline{PF} < \overline{PF'}$ 이므로 $\overline{PF} = k = 4$ 이다.

$$\therefore (\triangle QF'F \text{ 의 넓이}) = \frac{1}{2} \cdot \overline{QF'} \cdot \overline{PF} = \frac{1}{2} \cdot 10 \cdot 4 = 20$$

정답 ③

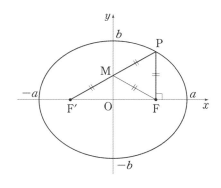

그림으로부터 $\triangle PMF$ 가 정삼각형임을 알 수 있다. 따라서

$$\overline{PF} = 2 \cdot \overline{MO} = 2$$

타원의 정의에 의해

$$2a = \overline{PF'} + \overline{PF} = 6 \quad \rightarrow \quad a = 3$$

한 변의 길이가 2인 정삼각형 PMF 의 높이는 $\sqrt{3}$ 이므로 $\overline{OF} = \sqrt{3}$ 이다. 이제 타원에서 직각삼각형을 이용하면

$$b^2 = a^2 - \overline{OF}^2 = 6$$

$$\therefore a^2 + b^2 = 15$$

정답 ②

A·22
정답률 88% |2017.4·가 14번|

교과서적 해법

$\triangle PF'F$ 의 둘레의 길이가 34 이고 타원의 정의에 의해

$$\overline{PF} + \overline{PF'} = 20$$

이므로 $\overline{FF'} = 14$ 이다. 이때 타원에서 직각삼각형을 이용하면

$$\overline{OF}^2 = 100 - k \ (\because \ 0 < k < 100) \quad \rightarrow \quad \overline{OF} = \sqrt{100-k}$$

$$\therefore \overline{FF'} = 2\sqrt{100-k} = 14 \quad \rightarrow \quad k = 51$$

정답 ④

A·23
정답률 75% |2016.4·가 17번|

교과서적 해법

선분 PF' 의 중점이 y 축 위에 있다는 것은 점 P 와 점 F 의 x 좌표가 같음을 의미한다. 따라서 점 F 는 점 P 에서 x 축에 내린 수선의 발이다. 발문에서 주어진 조건들에 의해

$$\overline{PF} = \overline{PM} = \overline{MF'}$$

이고, 타원의 대칭성에 의해

$$\overline{MF'} = \overline{MF}$$

이므로 다음과 같이 그림을 그려보자.

A·24
정답률 74% |2019.4·가 15번|

교과서적 해법

주어진 쌍곡선에서 직사각형과 원을 생각해서 좌표평면 위에 나타내면 쌍곡선의 초점이 두 점 A, B 임을 알 수 있다.

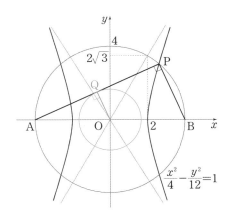

쌍곡선의 정의에 의해 $\overline{PA} - \overline{PB} = 4$ 이므로

$$\overline{PA}=k+4, \quad \overline{PB}=k$$

라 하고 △PAB 에 대하여 피타고라스의 정리를 사용하면

$$k^2+(k+4)^2=8^2 \;\rightarrow\; k^2+4k-24=0$$
$$\rightarrow\; k=-2+2\sqrt{7} \;(\because\; k>0)$$

원점에서 선분 AP 에 내린 수선의 발을 Q 라 하면 △PAB 에서 삼각형의 중점연결정리에 의해

$$\overline{OQ}=\frac{1}{2}\cdot\overline{BP}=\frac{1}{2}(2\sqrt{7}-2)=\sqrt{7}-1$$

정답 ②

A·25 |2023.사관·기하 28번|

해설 각주 참고
Pattern 4   Thema

교과서적 해법

$\dfrac{\overline{BJ}}{\overline{BI}}=\dfrac{2\sqrt{15}}{3}$ 이므로 $\overline{BI}=3k(k>0)$라 하면 $\overline{BJ}=2k\sqrt{15}$ 이고 포물선의 정의에 의해

$$\overline{BF}=3k \;\rightarrow\; \overline{AF}=\overline{AH}=8\sqrt{5}-3k$$

이때

$$\overline{BI}=\overline{HJ}=3k \;\rightarrow\; \overline{AJ}=\overline{AH}-\overline{HJ}=8\sqrt{5}-6k$$

이다. 따라서 △ABJ 에서 피타고라스의 정리에 의해

$$\overline{AB}^2=\overline{AJ}^2+\overline{BJ}^2$$
$$\Leftrightarrow\;(8\sqrt{5})^2=(8\sqrt{5}-6k)^2+(2k\sqrt{15})^2$$
$$\Leftrightarrow\;320=96k^2-96\sqrt{5}\,k+320$$
$$\Leftrightarrow\;96k(k-\sqrt{5})=0 \;\rightarrow\; k=\sqrt{5} \;(\because\; k>0)$$

△ABJ∽△ACH 이고 $\overline{AJ}=2\sqrt{5}$, $\overline{BJ}=10\sqrt{3}$, $\overline{AH}=5\sqrt{5}$ 이므로[1]

$$\therefore\; \overline{HC}=\frac{\overline{BJ}}{\overline{AJ}}\cdot\overline{AH}=25\sqrt{3}$$

✔ CHECK 각주   해설 본문의 각주

1) ∽는 '닮음'을 나타내는 기호로 약속하자.

정답 ⑤

A·26 |2021.3·기하 28번|

정답률 67%
Pattern 4   Thema

교과서적 해법

포물선의 초점거리 $\overline{FP_n}$ 이 문제에 주어져 있으므로 포물선의 정의인 (초점거리=준선거리)를 그림에서 확인할 수 있도록 그래프를 그리면 다음과 같다.

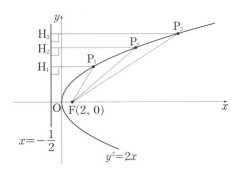

위의 그림에서 포물선의 정의에 의해 $\overline{FP_n}=\overline{H_nP_n}=2n$ 이므로 점 P_n 의 x 좌표는 $2n-\dfrac{1}{2}$ 이다. 따라서

$$P_n\left(2n-\frac{1}{2},\;\sqrt{4n-1}\right)$$
$$\rightarrow\; \overline{OP_n}^2=\left(2n-\frac{1}{2}\right)^2+(4n-1)=4n^2-2n+\frac{1}{4}+4n-1$$
$$=4n^2+2n-\frac{3}{4}$$

$$\therefore\; \sum_{n=1}^{8}\overline{OP_n}^2=\sum_{n=1}^{8}\left(4n^2+2n-\frac{3}{4}\right)$$
$$=4\left(\frac{8\cdot9\cdot17}{6}\right)+2\left(\frac{8\cdot9}{2}\right)-8\cdot\frac{3}{4}$$
$$=882$$

정답 ⑤

A·27

정답률 75%   Pattern   4   Thema

|2018.10·가 27번|

교과서적 해법

초점이 $F_1(1, 0)$인 포물선 P_1의 방정식은 $y^2 = 4 \cdot 1x$, 준선이 직선 $x = -1$이고, 초점이 $F_2(4, 0)$인 포물선 P_2의 방정식은 $y^2 = 4 \cdot 4x$이고 준선은 직선 $x = -4$임을 알 수 있다.

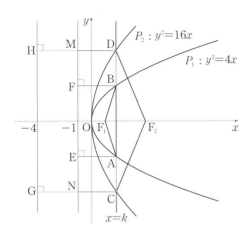

점 A, B, C, D에서 각자의 준선에 내린 수선의 발을 각각 점 E, F, G, H라 하자. 포물선의 정의에 의해

$$\overline{BF_1} = \overline{BF}, \quad \overline{AF_1} = \overline{AE}, \quad \overline{DF_2} = \overline{DH}, \quad \overline{CF_2} = \overline{CG}$$

이고 그래프가 x축에 대하여 대칭이므로

$$\begin{aligned}
l_2 - l_1 &= (\overline{DF_2} + \overline{CF_2} + \overline{DC}) - (\overline{BF_1} + \overline{AF_1} + \overline{BA}) \\
&= (\overline{DH} + \overline{CG} + \overline{DC}) - (\overline{BF} + \overline{AE} + \overline{BA}) \\
&= (\overline{DH} - \overline{BF}) + (\overline{CG} - \overline{AE}) + (\overline{DC} - \overline{BA}) \\
&= \overline{MH} + \overline{NG} + \overline{BD} + \overline{AC} \\
&= 2 \cdot (\overline{MH} + \overline{BD})
\end{aligned}$$

$B(k, 2\sqrt{k})$, $D(k, 4\sqrt{k})$에 대하여

$$\overline{BD} = \overline{AC} = 4\sqrt{k} - 2\sqrt{k} = 2\sqrt{k}$$

두 준선이 직선 $x = -1$, $x = -4$임을 생각하면

$$\overline{HM} = \overline{GN} = (-1) - (-4) = 3$$

$$\Downarrow$$

$$l_2 - l_1 = 2(2\sqrt{k} + 3) = 11 \rightarrow k = \frac{25}{16}$$

$$\therefore 32k = 50$$

A·28

해설 Thema 2 학습

|2015.7·B 17번|

정답률 87%   Pattern   4   Thema   1, 2

실전적 해법

주어진 포물선의 방정식은 $y^2 = 4 \cdot 2x$이므로 초점 F의 좌표는 $(2, 0)$, 준선은 $x = -2$이다.

$\overline{DF} = 6$이므로 [실전 개념]-포물선의 초점거리 $2^{\text{Thema 8p}}$에 의해

$$\frac{1}{\overline{FB}} + \frac{1}{\overline{DF}} = \frac{1}{\overline{FB}} + \frac{1}{6} = \frac{1}{2} \rightarrow \overline{FB} = 3$$

또한 직선 BD와 x축의 양의 방향이 이루는 각을 θ라 하면 [실전 개념]-포물선의 초점거리 $1^{\text{Thema 4p}}$에 의해

$$\overline{DF} = \frac{2 \cdot 2}{1 - \cos\theta} = 6 \rightarrow \cos\theta = \frac{1}{3}$$

이제 다음과 같이 그림을 그릴 수 있다.

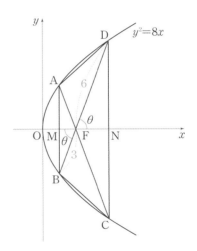

$$\sin\theta = \sqrt{1 - \cos^2\theta} = \frac{2\sqrt{2}}{3}$$

이므로 두 선분 AB와 CD가 각각 x축과 만나는 점을 M, N이라 하면

$$\overline{FN} = \overline{DF} \cdot \cos\theta = 2, \quad \overline{DN} = \overline{DF} \cdot \sin\theta = 4\sqrt{2}$$
$$\overline{MF} = \overline{BF} \cdot \cos\theta = 1, \quad \overline{MB} = \overline{BF} \cdot \sin\theta = 2\sqrt{2}$$

포물선의 성질에 의해 사각형 ABCD는 x축에 대칭이므로

$$(\square ABCD \text{ 의 넓이}) = \frac{1}{2}\cdot(\overline{AB}+\overline{DC})\cdot\overline{MN}$$

$$= \frac{1}{2}\cdot(2\overline{MB}+2\overline{DN})\cdot(\overline{MF}+\overline{FN})$$

$$= \frac{1}{2}\cdot12\sqrt{2}\cdot3 = 18\sqrt{2}$$

교과서적 해법

[실전적 해법]에서 포물선의 초점의 좌표와 준선의 방정식을 구했다. 포물선의 정의에 의해 점 D에서 준선까지의 거리는 $\overline{DF}$인데 이 값이 6이므로

(점 D의 x좌표) $= -2+6 = 4$

이다. 점 $D(4, k)$는 포물선 위의 점이므로

$$k^2 = 8\cdot4 \quad\rightarrow\quad k=4\sqrt{2} \ (\because\ k>0)$$

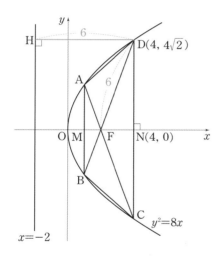

이때, 초점을 지나고 기울기가 $2\sqrt{2}$인 직선 BD의 방정식과 포물선 $y^2=8x$를 연립하여 점 B의 좌표를 구해보자.

$$\begin{cases} y^2 = 8x \\ y = 2\sqrt{2}(x-2) \end{cases} \quad\rightarrow\quad 8(x-2)^2 = 8x$$

$$\rightarrow\quad x^2 - 5x + 4 = 0$$

$$\rightarrow\quad x=1 \ \text{or} \ x=4$$

이므로 B의 x좌표는 1이다. 포물선 위의 점 $B(1, t)$에 대하여

$$t^2 = 8\cdot1 \quad\rightarrow\quad t = -2\sqrt{2} \ (\because\ t<0)$$

따라서 $\overline{DN}=4\sqrt{2}$, $\overline{MB}=2\sqrt{2}$이므로 이후의 풀이는 [실전적 해법]과 같다.

정답 ⑤

A·29 정답률 82% |2014.7·B 18번|

Pattern 4 Thema

교과서적 해법

주어진 포물선의 방정식은 $y^2=4\cdot px$이므로 초점 F의 좌표는 $(p, 0)$, 준선은 $x=-p$이다.

$\overline{FP}=\overline{FQ}=p$이므로 포물선 위의 점 A, B에 대하여

$$\overline{AF}=2p, \quad \overline{BF}=\frac{7}{2}p$$

이때 포물선 위의 점 A에서 준선에 내린 수선의 발을 A′이라 하면 물선의 정의에 의해 $\overline{AF}=\overline{AA'}=2p$이므로

(점 A의 x좌표) $= -p+2p = p$

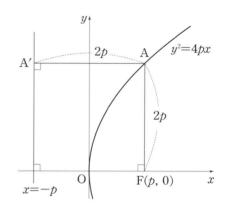

따라서 점 A와 초점의 x좌표가 같으므로 $\overline{OF}\perp\overline{AF}$이다.

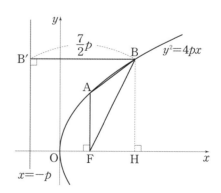

이제 점 B에서 x축과 준선에 내린 수선의 발을 각각 H, B′이라 하면 포물선의 정의에 의해

$$\overline{BF} = \overline{BB'} = \frac{7}{2}p$$

이므로 △AFB의 높이는

$$\overline{\mathrm{HF}} = \overline{\mathrm{BB'}} - 2p = \frac{3}{2}p$$

이다. 따라서 $\triangle\mathrm{AFB}$ 의 넓이는

$$\frac{1}{2}\cdot\overline{\mathrm{AF}}\cdot\overline{\mathrm{HF}} = \frac{1}{2}\cdot 2p\cdot\frac{3}{2}p = 24 \quad\rightarrow\quad p^2 = 16$$

$$\therefore\ p = 4$$

정답 ④

A·30

정답률 87% | 2012.10·가 13번 |

Pattern   4   Thema   1, 2

실전적 해법 1

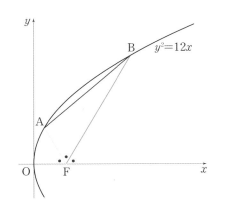

직선 AF 와 x 축의 양의 방향이 이루는 각의 크기는 $\dfrac{2\pi}{3}$ 이므로 [실전 개념]-포물선의 초점거리 1$^{\mathrm{Thema\ 4p}}$에 의해

$$\overline{\mathrm{AF}} = \frac{2\cdot 3}{1-\cos\dfrac{2\pi}{3}} = 4$$

이다. 또한 직선 BF 와 x 축의 양의 방향이 이루는 각의 크기는 $\dfrac{\pi}{3}$ 이므로 마찬가지 논리에 의해

$$\overline{\mathrm{BF}} = \frac{2\cdot 3}{1-\cos\dfrac{\pi}{3}} = 12$$

$$\therefore\ (\triangle\mathrm{AFB}\ \text{의 넓이}) = \frac{1}{2}\cdot\overline{\mathrm{AF}}\cdot\overline{\mathrm{BF}}\cdot\sin\frac{\pi}{3} = 12\sqrt{3}$$

실전적 해법 2

포물선 위의 두 점 A, B 에 대해 각각 준선과 x 축에 수선의 발을 내린 그림을 그리자. 두 점 A, B 에서 준선에 내린 수선의 발을 각각 H, H′ 이라 하고, 점 B 에서 x 축에 내린 수선의 발을 D 라 하자.

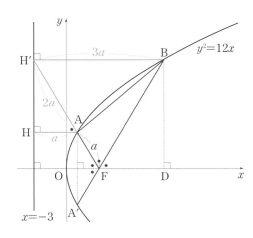

x 축과 평행인 선분 BH′ 에 대하여 엇각의 성질에 의해 $\angle\mathrm{BFD} = \angle\mathrm{H'BF}$ 이므로 $\triangle\mathrm{BFH'}$ 은 정삼각형이다.

또한 x 축과 평행인 선분 AH 에 대하여 동위각의 성질에 의해 $\angle\mathrm{OFA} = \angle\mathrm{HAH'}$ 이므로 $\overline{\mathrm{AF}} = a$ 라 하면

$$\overline{\mathrm{H'A}} = \frac{\overline{\mathrm{HA}}}{\cos\dfrac{\pi}{3}} = 2a \quad\rightarrow\quad \overline{\mathrm{H'F}} = \overline{\mathrm{H'B}} = \overline{\mathrm{BF}} = 3a$$

점 A 와 x 축에 대하여 대칭인 점 A′ 에 대하여 세 점 A′, F, B 가 일직선 위에 있으므로 [실전 개념]-포물선의 초점거리 2$^{\mathrm{Thema\ 8p}}$를 활용하면

$$\frac{1}{\overline{\mathrm{FA'}}} + \frac{1}{\overline{\mathrm{FB}}} = \frac{1}{\overline{\mathrm{FA}}} + \frac{1}{\overline{\mathrm{FB}}} = \frac{1}{a} + \frac{1}{3a} = \frac{1}{3}$$
$$\rightarrow\quad a = 4$$

$$\therefore\ (\triangle\mathrm{AFB}\ \text{의 넓이}) = \frac{1}{2}\cdot a\cdot 3a\cdot\sin\frac{\pi}{3} = 12\sqrt{3}$$

교과서적 해법

주어진 포물선의 방정식은 $y^2 = 4\cdot 3x$ 이므로 초점 F 의 좌표는 $(3, 0)$, 준선은 $x = -3$ 이다.

포물선 위의 두 점 A, B 에 대해 각각 준선과 x 축에 수선의 발을 내린 그림을 그리자. 두 점 A, B 에서 준선에 내린 수선의 발을 각각 H, H′ 이라 하고, 점 B 에서 x 축에 내린 수선의 발을 D 라 하자.

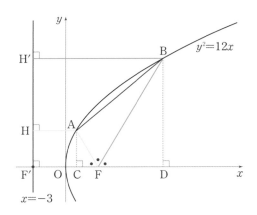

포물선의 정의에 의해 $\overline{AF}=\overline{AH}$, $\overline{BF}=\overline{BH'}$ 이다.

$$\overline{CF} = \overline{AF} \cdot \cos \angle AFC = \frac{1}{2}\overline{AF}$$

$$\overline{FD} = \overline{BF} \cdot \cos \angle BFD = \frac{1}{2}\overline{BF}$$

$$\Downarrow$$

$$\overline{F'F} = \overline{AH}+\overline{CF} = \overline{AF}+\frac{1}{2}\overline{AF} = 6 \;\;\rightarrow\;\; \overline{AF}=4$$

$$\overline{F'F} = \overline{BH'}-\overline{FD} = \overline{BF}-\frac{1}{2}\overline{BF} = 6 \;\;\rightarrow\;\; \overline{BF}=12$$

$$\therefore (\triangle AFB \text{의 넓이}) = \frac{1}{2}\cdot\overline{AF}\cdot\overline{BF}\cdot\sin\frac{\pi}{3} = 12\sqrt{3}$$

정답   ③

A·31

| 2016.10·가 20번 |
정답률 84%
Pattern   ④4   Thema

교과서적   해법

타원을 제외한 그림을 그려보자.

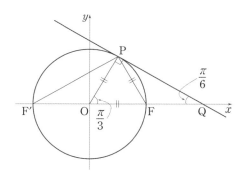

원 위의 접점 P 에 대하여 $\angle OPQ=\frac{\pi}{2}$ 이므로 $\angle POQ=\frac{\pi}{3}$ 이다.

이때 $\overline{OP}=\overline{OF}$ 이므로 $\triangle POF$ 는 정삼각형이다. 따라서

$$\overline{PF} = \overline{OP} = \overline{OF} = 6$$

원에 내접하는 $\triangle PFF'$ 에 대하여 선분 FF' 이 원의 지름이므로 $\angle F'PF = \frac{\pi}{2}$ 이다. 따라서

$$\overline{PF'} = \overline{PF}\cdot\tan\frac{\pi}{3} = 6\sqrt{3}$$

따라서 두 점 F, F' 을 초점으로 하는 타원의 장축의 길이는 타원의 정의에 의해

$$\overline{PF}+\overline{PF'}=6+6\sqrt{3}$$

정답   ②

A·32

| 2015.10·B 14번 |
정답률 93%
Pattern   ④4   Thema

교과서적   해법

발문의 설명들을 그림으로 옮겨보자.

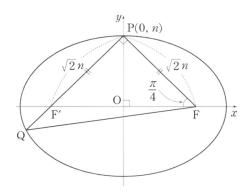

$\triangle PF'F$ 가 직각이등변삼각형이므로 $\angle PFO=\frac{\pi}{4}$ 이다. 따라서 직각이등변삼각형 PFO 에 대하여 $\overline{OF}=n$ 이므로 타원에서 직각삼각형을 사용하면

$$\overline{PF} = \sqrt{n^2+n^2} = \sqrt{2}\,n$$

그러므로 타원의 장축의 길이는 타원의 정의에 의해

$$\overline{PF}+\overline{PF'} = \sqrt{2}\,n+\sqrt{2}\,n = 2\sqrt{2}\,n$$
$$\Downarrow$$
$$(\triangle PQF \text{의 둘레의 길이}) = \left(\overline{PF}+\overline{PF'}\right)+\left(\overline{QF}+\overline{QF'}\right)$$
$$= 2\sqrt{2}\,n+2\sqrt{2}\,n$$
$$= 4\sqrt{2}\,n = 12\sqrt{2}$$
$$\rightarrow\;\; n=3$$

이제 $\overline{F'Q}=k$ 라 하면 $\triangle FPQ$ 에 대하여 피타고라스의 정리에 의해

$$\overline{QF}^2 = \overline{PF}^2 + \overline{PQ}^2$$
$$\Leftrightarrow (6\sqrt{2}-k)^2 = (3\sqrt{2}+k)^2 + (3\sqrt{2})^2$$
$$\rightarrow 72-12\sqrt{2}\,k = 36+6\sqrt{2}\,k$$
$$\rightarrow k = \sqrt{2}$$

$$\therefore (\triangle FPQ \text{의 넓이}) = \frac{1}{2}\cdot\overline{PF}\cdot\overline{PQ} = 12$$

정답 ②

A·33
정답률 65% | 2014.10·B 18번 |

교과서적 해법

타원에서 직각삼각형을 만들어 초점거리를 구하는 과정을 떠올리며 발문의 조건을 해석해 보자. 타원의 장축의 길이의 절반, 즉 직각삼각형의 빗변의 길이가 5인데 타원의 y축 위의 꼭짓점을 중심으로 하는 원의 반지름의 길이도 5이다.

따라서 그림과 같이 원과 x축이 만나는 두 점 A, B가 타원의 초점임을 알 수 있다.

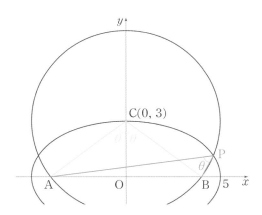

타원에서 직각삼각형을 사용하면

$$(\text{초점거리}) = \sqrt{5^2-3^2} = 4$$

이므로 A$(-4, 0)$, B$(4, 0)$ 이다. $\overline{AP}=a$, $\overline{BP}=b$ 라 하면 장축의 길이가 10인 타원에서 타원의 정의에 의해

$$a+b=10 \quad \cdots \text{Ⓐ}$$

$\angle APB=\theta$ 라 하면 점 P를 포함하지 않는 호 AB의 원주각의 크기는 θ, 중심각의 크기는 2θ 이다.

이때, 원의 중심 C에서 현 AB에 내린 수선의 발이 원점 O이므로 $\angle BCO$는 중심각 크기의 절반이다. 따라서 $\angle BCO=\theta$ 이고 타원에서 직각삼각형을 고려하면

$$\cos\theta = \frac{3}{5}$$

이제 $\triangle APB$ 에서 코사인법칙을 사용하면

$$\overline{AB}^2 = \overline{AP}^2 + \overline{BP}^2 - 2\cdot\overline{AP}\cdot\overline{BP}\cdot\cos\angle APB$$
$$= a^2+b^2-2ab\cos\theta$$
$$= a^2+b^2-\frac{6}{5}ab = 64 \quad \cdots \text{Ⓑ}$$

이제 Ⓐ와 Ⓑ를 연립해서 ab의 값을 구해보자.

$$\begin{cases} a^2+b^2+2ab=100 \\ a^2+b^2-\dfrac{6}{5}ab=64 \end{cases} \rightarrow \frac{16}{5}ab=36$$

$$\therefore \overline{AP}\times\overline{BP} = ab = \frac{45}{4}$$

정답 ⑤

A·34
정답률 38% | 2013.10·B 27번 |

교과서적 해법

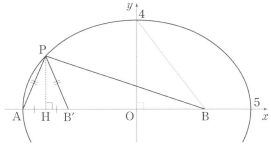

장축의 길이가 10, 단축의 길이가 8인 타원에서 직각삼각형을 사용하면

$$(\text{초점거리}) = \overline{OB} = \sqrt{5^2-4^2} = 3$$

이므로 점 B$(3, 0)$이 초점임을 알 수 있다. 타원의 두 초점을 B, B$'$ 이라 하면 장축의 길이가 10인 타원 위의 점 P에 대하여 타원의 정의에 의해

$$\overline{PB}+\overline{PB}' = 10$$

이때 $\overline{\rm PA}+\overline{\rm PB}=10$ 이므로 $\overline{\rm PA}=\overline{\rm PB'}$ 이다. 그러므로 이등변삼각형 $\rm PAB'$ 에 대하여 점 $\rm P$ 에서 x 축에 내린 수선의 발을 $\rm H$ 라 하면 $\overline{\rm AH}=\overline{\rm HB'}$ 이고

$$\overline{\rm AB'} \;=\; \overline{\rm AO}-\overline{\rm B'O} \;=\; 5-3 \;=\; 2 \quad\rightarrow\quad \overline{\rm AH}=1$$

따라서 점 $\rm P$ 의 x 좌표가 -4 이므로 타원 위의 점 $\rm P$ 의 좌표를 $(-4,\,k)$ (k 는 상수)라 하면

$$\frac{(-4)^2}{25}+\frac{k^2}{16}=1 \quad\rightarrow\quad k^2=\frac{144}{25}$$

이제 $\triangle\rm PAH$ 에서 피타고라스의 정리를 사용하면

$$\overline{\rm PA} \;=\; \sqrt{\overline{\rm AH}^2+\overline{\rm PH}^2} \;=\; \sqrt{1^2+k^2} \;=\; \frac{13}{5}$$

$$\therefore\; 10r \;=\; 10\cdot\frac{13}{5} \;=\; 26$$

정답 ▷ 26

A·35

| 2013.10·B 16번 |
정답률 91%
Pattern ④4   Thema

교과서적 해법

쌍곡선의 두 초점을 $\rm F$, $\rm F'$ 이라 하자.

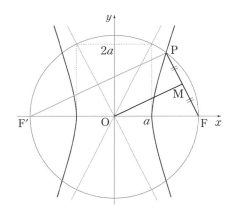

$\triangle\rm FPF'$ 에 대하여 원점과 점 $\rm M$ 이 각각 선분 $\rm F'F$, $\rm PF$ 의 중점이므로 삼각형의 중점연결정리에 의해

$$\overline{\rm PF'} \;=\; 2\cdot\overline{\rm MO} \;=\; 12$$

이때 쌍곡선의 주축의 길이를 $2a$ 라 하면 쌍곡선의 정의에 의해

$$\overline{\rm PF'}-\overline{\rm PF} \;=\; 2a \;=\; 12-6 \;=\; 6 \quad\rightarrow\quad a=3$$

이제 두 점근선 $y=\pm2x$ 를 그리고 원과 직사각형을 생각하면 초점 $\rm F$ 의 좌표는 $(\sqrt5\,a,\,0)$ 이므로

$$\therefore\; \overline{\rm OF} \;=\; \sqrt5\,a \;=\; 3\sqrt5$$

정답 ▷ ②

A·36

| 2012.7·가 20번 |
정답률 56%
Pattern ④4   Thema

교과서적 해법

점 $\rm A$ 에서 x 축과 포물선의 준선에 내린 수선의 발을 각각 점 $\rm H$, 점 $\rm H'$ 이라 하자.

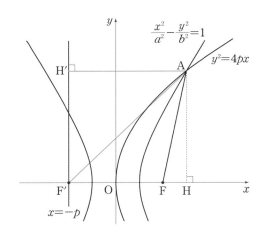

$\overline{\rm AF}=5$ 이고

$$\cos(\angle\rm AFH) \;=\; \cos(\pi-\angle\rm AFF') \;=\; \frac{1}{5}$$

이므로 $\overline{\rm FH}=1$ 이다. 따라서

$$\overline{\rm FF'}+\overline{\rm FH} \;=\; \overline{\rm AH'} \quad\rightarrow\quad 2p+1=5 \quad\rightarrow\quad p=2$$

이제 $\triangle\rm AFH$ 에서 피타고라스의 정리를 사용하면

$$\overline{\rm AH} \;=\; \sqrt{\overline{\rm AF}^2-\overline{\rm FH}^2} \;=\; \sqrt{5^2-1^2} \;=\; 2\sqrt6$$

포물선의 정의에 의해 $\overline{\rm AF}=\overline{\rm AH'}$ 이므로 $\triangle\rm AF'H'$ 에서 피타고라스의 정리를 사용하면

$$\overline{\rm AF'} \;=\; \sqrt{\overline{\rm AH'}^2+\overline{\rm F'H'}^2} \;=\; \sqrt{5^2+(2\sqrt6)^2} \;=\; 7$$

따라서 쌍곡선의 정의에 의해

$$2a \;=\; \overline{\rm AF'}-\overline{\rm AF} \;=\; 7-5 \;=\; 2 \quad\rightarrow\quad a=1$$

쌍곡선 위의 점 $A\left(3,\ 2\sqrt{6}\right)$ 을 대입하면

$$\frac{3^2}{1^2}-\frac{\left(2\sqrt{6}\right)^2}{b^2}=1 \quad\rightarrow\quad b=\sqrt{3}$$

$$\therefore\ ab=\sqrt{3}$$

정답　②

A·37

정답률 62%　　　Pattern　4　　Thema

교과서적　해법

장축의 길이가 20 이므로 10등분한 점 P_k의 x좌표를 x_k라 하면

$$x_1=8,\ x_2=6,\ \cdots,\ x_8=-6,\ x_9=-8$$

이다. 이때 타원이 y축 대칭이므로 두 점 P_k, $P_{9-k}(k=1,\ 2,\ 3,\ 4)$도 y축에 대하여 대칭이다. 즉, 타원의 다른 초점을 F'이라 하면 다음 그림과 같이 $\overline{FP_k}=\overline{F'P_{9-k}}$임을 알 수 있다.

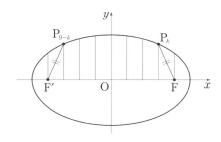

이때 타원의 정의에 의해

$$\overline{FP_k}+\overline{FP_{9-k}}=\overline{FP_k}+\overline{F'P_k}=20$$

이므로 구하는 식은

$$\sum_{k=1}^{9}\overline{FP_k}=\sum_{k=1}^{4}\left(\overline{FP_k}+\overline{FP_{9-k}}\right)+\overline{FP_5}$$
$$=\sum_{k=1}^{4}\left(\overline{FP_k}+\overline{F'P_k}\right)+\overline{FP_5}$$
$$=\sum_{k=1}^{4}20+\overline{FP_5}$$

라 할 수 있고, 타원에서 직각삼각형을 떠올리면 $\overline{FP_5}=10$ 이므로

$$\sum_{k=1}^{9}\overline{FP_k}=4\cdot20+10=90$$

정답　90

A·38

2021.7·기하 28번

정답률 72%　　　Pattern　1　　Thema　2

실전적　해법

$\angle\mathrm{AFC}=\theta\left(0<\theta<\dfrac{\pi}{2}\right)$라 하면 두 삼각형 FCA, FDB 의 넓이는

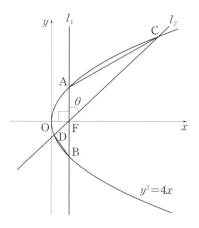

$$(\triangle\mathrm{FCA}\text{ 의 넓이})=\frac{1}{2}\cdot\overline{\mathrm{AF}}\cdot\overline{\mathrm{CF}}\cdot\sin\theta$$

$$(\triangle\mathrm{FDB}\text{ 의 넓이})=\frac{1}{2}\cdot\overline{\mathrm{BF}}\cdot\overline{\mathrm{DF}}\cdot\sin\theta$$

$$\Downarrow$$

$$(\triangle\mathrm{FCA}\text{ 의 넓이})=5\cdot(\triangle\mathrm{FDB}\text{ 의 넓이})$$

$$\Leftrightarrow\ \frac{1}{2}\cdot\overline{\mathrm{AF}}\cdot\overline{\mathrm{CF}}\cdot\sin\theta=\frac{5}{2}\cdot\overline{\mathrm{BF}}\cdot\overline{\mathrm{DF}}\cdot\sin\theta$$

$$\Leftrightarrow\ \frac{\overline{\mathrm{AF}}}{\overline{\mathrm{BF}}}=5\cdot\frac{\overline{\mathrm{DF}}}{\overline{\mathrm{CF}}}$$

네 선분 AF, CF, BF, DF 의 길이는 [실전 개념]-포물선의 초점거리 2$^{\text{Thema 8p}}$를 활용하면 쉽게 구할 수 있다. 이때 직선 l_1은 x축에 수직이므로 x축의 양의 방향과 직선 l_2가 이루는 각은 $\dfrac{\pi}{2}-\theta$ 이다.

$$\frac{\overline{\mathrm{AF}}}{\overline{\mathrm{BF}}}=\frac{\dfrac{2p}{1-\cos\left(\dfrac{\pi}{2}\right)}}{\dfrac{2p}{1+\cos\left(\dfrac{\pi}{2}\right)}}=\frac{1+\cos\left(\dfrac{\pi}{2}\right)}{1-\cos\left(\dfrac{\pi}{2}\right)}=1$$

$$\frac{\overline{\mathrm{DF}}}{\overline{\mathrm{CF}}}=\frac{\dfrac{2p}{1+\cos\left(\dfrac{\pi}{2}-\theta\right)}}{\dfrac{2p}{1-\cos\left(\dfrac{\pi}{2}-\theta\right)}}=\frac{1-\cos\left(\dfrac{\pi}{2}-\theta\right)}{1+\cos\left(\dfrac{\pi}{2}-\theta\right)}=\frac{1-\sin\theta}{1+\sin\theta}$$

$$\rightarrow\ 5\cdot\frac{1-\sin\theta}{1+\sin\theta}=1\ \rightarrow\ \sin\theta=\frac{2}{3}$$

$$\therefore \ m \ = \ \tan\left(\frac{\pi}{2} - \theta\right) \ = \ \frac{1}{\tan\theta} \ = \ \frac{\sqrt{5}}{2} \ (\because \ 0 < \theta < \frac{\pi}{2})$$

정답 ③

A·39 | 2023.4·기하 28번 |

정답률 44%   Pattern 2   Thema

교과서적 해법

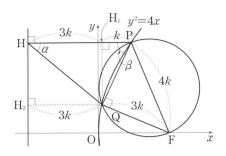

문제에 $\frac{\tan\beta}{\tan\alpha} = 3$ 이 주어져 있으므로 점 Q에서 선분 HP에 수선의 발을 내려 $\tan\alpha$ 와 $\tan\beta$ 를 비교해 보자. 점 Q에서 선분 HP에 내린 수선의 발을 H_1 이라 하면

$$\tan\alpha \ = \ \frac{\overline{QH_1}}{\overline{HH_1}}, \quad \tan\beta \ = \ \frac{\overline{QH_1}}{\overline{PH_1}}$$

$$\rightarrow \ \frac{\tan\beta}{\tan\alpha} \ = \ \frac{\dfrac{\overline{QH_1}}{\overline{PH_1}}}{\dfrac{\overline{QH_1}}{\overline{HH_1}}} \ = \ \frac{\overline{HH_1}}{\overline{PH_1}} \ = \ 3$$

$$\rightarrow \ \overline{PH_1} : \overline{HH_1} = 1 : 3$$

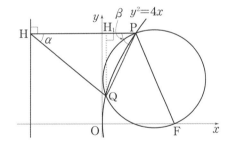

따라서 $\overline{PH_1} = k$, $\overline{HH_1} = 3k\,(k > 0)$ 라 하자. 이때 점 Q에서 포물선 $y^2 = 4x$ 의 준선에 내린 수선의 발을 H_2 라 하면 $\overline{HH_1} = \overline{H_2Q} = 3k$ 이고, 두 점 P, Q는 포물선 위의 점이므로 포물선의 정의에 의해

$$\overline{PF} \ = \ \overline{PH} \ = \ 4k, \quad \overline{QF} \ = \ \overline{QH_2} \ = \ 3k$$

이다. 또한, 점 Q는 선분 PF를 지름으로 하는 원 위의 점이므로 $\angle PQF = \frac{\pi}{2}$ 이다.

따라서 세 직각삼각형 PQF, PH_1Q, HH_1Q 에서 피타고라스의 정리를 활용하면

$$\overline{PQ}^2 \ = \ \overline{PF}^2 - \overline{QF}^2 \ = \ 7k^2$$

$$\rightarrow \ \overline{QH_1}^2 \ = \ \overline{PQ}^2 - \overline{PH_1}^2 \ = \ 6k^2$$

$$\rightarrow \ \overline{HQ}^2 \ = \ \overline{HH_1}^2 + \overline{QH_1}^2 \ = \ 15k^2$$

$$\therefore \ \frac{\overline{QH}}{\overline{PQ}} \ = \ \frac{\sqrt{15k^2}}{\sqrt{7k^2}} \ = \ \frac{\sqrt{15}\,k}{\sqrt{7}\,k} \ = \ \frac{\sqrt{105}}{7}$$

정답 ④

A·40 | 2019.7·가 28번 |

정답률 61%   Pattern 3   Thema

교과서적 해법

$F(c, 0)\,(c > 0)$ 이라 하자. 쌍곡선에서 직사각형과 원을 생각하면

$$c^2 = 9 + 16 \quad \rightarrow \quad c = 5$$

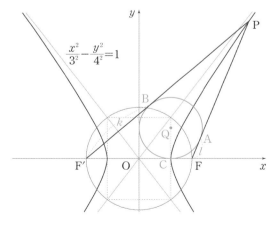

중심이 Q인 원과 $\triangle PFF'$ 의 접점을 점 A, B, C라 하자. $\overline{FA} = l$, $\overline{F'B} = k$ 라 하면 원의 접선의 성질에 의해

$$\overline{FA} \ = \ \overline{FC} \ = \ l, \quad \overline{F'B} \ = \ \overline{F'C} \ = \ k$$

이므로

$$\overline{FF'} = \overline{F'C} + \overline{CF} = k+l = 10$$

쌍곡선의 정의에 의해 주축의 길이가 6이므로

$$\overline{PF'} - \overline{PF} = \overline{F'B} - \overline{FA} = k-l = 6 \ (\because \ \overline{PB} = \overline{PA})$$

따라서 두 식을 연립하면

$$k = 8, \quad l = 2$$

이때 점 C 의 좌표가 $(3, 0)$ 이므로 반지름의 길이가 3인 원의 중심 Q 의 좌표는 $(3, 3)$ 이다.

$$\therefore \ \overline{OQ}^2 = (3-0)^2 + (3-0)^2 = 18$$

정답   18

$$\overline{PR} + \overline{FR} + \overline{FQ} + \overline{PQ} = \overline{RH_5} + \overline{RH_3} + \overline{QH_2} + \overline{QH_4}$$
$$= \overline{H_3H_5} + \overline{H_2H_4}$$
$$= 2(k+2)$$
$$= 18$$
$$\rightarrow \ k = 7$$

이제 삼각형 OFP 의 넓이를 구하기 위해 P 의 좌표를 구해보자. 점 P 의 좌표를 $P(x_1, y_1)$ 이라 하고 직선 $x = k$ 가 x 축과 만나는 점을 H_6 이라 하면 포물선의 정의에 의해

$$\overline{PH_1} = \overline{PF} = \overline{FH_6} = k-2 = 5 \ (\because \ \overline{OF} = 2)$$
$$\rightarrow \ x_1 = 3 \ \rightarrow \ y_1 = 2\sqrt{6} \ (\because \ y_1^2 = 8x_1)$$

$$\therefore \ S^2 = \left(\frac{1}{2} \times \overline{OF} \times y_1\right)^2 = \left(\frac{1}{2} \times 2 \times 2\sqrt{6}\right)^2 = 24$$

정답   24

A·41

정답률 48%   Pattern   4   Thema | 2024.5·기하 29번 |

교과서적 해법

포물선 위의 세 점 P, Q, R 에 대해 초점과 연결하고 준선에 수선의 발을 내린 그림을 그리자.

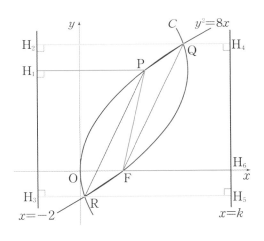

포물선의 정의에 의해 각각의 포물선에서

$$\overline{FQ} = \overline{QH_2}, \ \overline{FR} = \overline{RH_3}$$
$$\overline{PQ} = \overline{QH_4}, \ \overline{PR} = \overline{RH_5}$$

이므로 사각형 $PRFQ$ 의 둘레의 길이는

A·42

정답률 14%   Pattern   4   Thema | 2024.3·기하 29번 |

교과서적 해법

점 P 의 x 좌표를 구하기 위해 포물선 C_1 의 방정식 $y^2 = 8x$ 에

$$x^2 = ay \ \Leftrightarrow \ y = \frac{x^2}{a}$$

을 대입하여 정리하면

$$y^2 = 8x \ \Leftrightarrow \ \left(\frac{x^2}{a}\right)^2 = 8x \ \rightarrow \ \frac{x^4}{a^2} - 8x = 0$$
$$\rightarrow \ \frac{x}{a^2}(x^3 - 8a^2) = 0$$
$$\rightarrow \ x = 0 \ \text{또는} \ x = 2a^{\frac{2}{3}}$$

이므로 원점이 아닌 점 P 의 좌표는 $\left(2a^{\frac{2}{3}}, 4a^{\frac{1}{3}}\right)$ 이다. 마찬가지로 점 Q 의 x 좌표를 구하기 위해 포물선 C_2 의 방정식 $y^2 = -x$ 에 $y = \frac{x^2}{a}$ 을 대입하여 정리하면

$$y^2 = -x \iff \left(\frac{x^2}{a}\right)^2 = -x \rightarrow \frac{x^4}{a^2} + x = 0$$

$$\rightarrow \frac{x}{a^2}(x^3 + a^2) = 0$$

$$\rightarrow x = 0 \text{ 또는 } x = -a^{\frac{2}{3}}$$

이므로 원점이 아닌 점 Q 의 좌표는 $\left(-a^{\frac{2}{3}}, a^{\frac{1}{3}}\right)$ 이다. 이때 직선 PQ 의 기울기가 $2\sqrt{2}$ 이므로

$$\frac{4a^{\frac{1}{3}} - a^{\frac{1}{3}}}{2a^{\frac{2}{3}} - \left(-a^{\frac{2}{3}}\right)} = \frac{3a^{\frac{1}{3}}}{3a^{\frac{2}{3}}} = \frac{1}{a^{\frac{1}{3}}} = 2\sqrt{2}$$

$$\iff a^{\frac{1}{3}} = \frac{1}{2\sqrt{2}} \rightarrow a^{\frac{2}{3}} = \frac{1}{8}$$

$$\rightarrow \text{P}\left(\frac{1}{4}, \sqrt{2}\right), \quad \text{Q}\left(-\frac{1}{8}, \frac{\sqrt{2}}{4}\right)$$

이제 $\overline{\text{F}_1\text{P}} + \overline{\text{F}_2\text{Q}}$ 의 값을 구하자. 묻는 값이 두 포물선의 초점거리의 합이므로 포물선의 정의인 (초점거리=준선거리)를 그림에서 확인할 수 있도록 그래프를 그리자. 두 포물선 C_1, C_2 의 준선은 각각 $x = -2$, $x = \frac{1}{4}$ 이므로

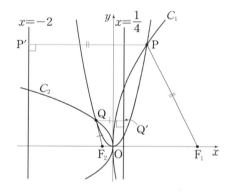

포물선의 정의에 의해

$$\overline{\text{F}_1\text{P}} = \overline{\text{PP}'}, \ \overline{\text{F}_2\text{Q}} = \overline{\text{QQ}'} \rightarrow \overline{\text{F}_1\text{P}} + \overline{\text{F}_2\text{Q}} = \overline{\text{PP}'} + \overline{\text{QQ}'}$$

이때

$$\overline{\text{PP}'} = \frac{1}{4} - (-2) = \frac{9}{4}$$

$$\overline{\text{QQ}'} = \frac{1}{4} - \left(-\frac{1}{8}\right) = \frac{3}{8}$$

이므로

$$\overline{\text{F}_1\text{P}} + \overline{\text{F}_2\text{Q}} = \overline{\text{PP}'} + \overline{\text{QQ}'} = \frac{21}{8} \rightarrow p + q = 29$$

A·43 ▪▪▪▪▫ | 2024.사관·기하 29번 |

Pattern ④   Thema

교과서적 해법

포물선의 초점거리 $\overline{\text{FA}}$, $\overline{\text{FB}}$ 에 대한 조건이 주어졌으므로 포물선의 정의인 (초점거리=준선거리)를 그림에서 확인할 수 있도록 그래프를 그려야 한다.

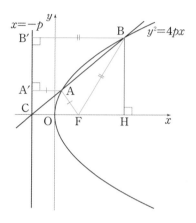

포물선의 정의에 의해

$$\overline{\text{FA}} : \overline{\text{FB}} = 1 : 3 \iff \overline{\text{FB}} = 3\overline{\text{FA}} \iff \overline{\text{BB}'} = 3\overline{\text{AA}'} \cdots Ⓐ$$

이때 $\triangle \text{AA}'\text{C} \backsim \triangle \text{BB}'\text{C}$ 이므로

$$\overline{\text{BB}'} = 3\overline{\text{AA}'} \iff \overline{\text{B}'\text{C}} = 3\overline{\text{A}'\text{C}}$$

따라서 점 A 의 y좌표를 $a(a > 0)$라 하면 점 B 의 y 좌표는 $3a$ 이다. 이를 포물선의 방정식 $y^2 = 4px$ 에 대입하면

$$a^2 = 4px \rightarrow \text{A}\left(\frac{a^2}{4p}, a\right), \quad (3a)^2 = 4px \rightarrow \text{B}\left(\frac{9a^2}{4p}, 3a\right)$$

$$\Downarrow$$

$$\overline{\text{AA}'} = \frac{a^2}{4p} - (-p) = \frac{a^2}{4p} + p,$$

$$\overline{\text{BB}'} = \frac{9a^2}{4p} - (-p) = \frac{9a^2}{4p} + p \cdots Ⓑ$$

Ⓑ에서 구한 $\overline{\text{AA}'}$, $\overline{\text{BB}'}$ 을 Ⓐ에 대입하면

$$\frac{9a^2}{4p} + p = 3\left(\frac{a^2}{4p} + p\right) \Leftrightarrow 3a^2 = 4p^2 \rightarrow a = \frac{2\sqrt{3}\,p}{3}$$

$$\rightarrow \text{B}\left(3p,\ 2\sqrt{3}\,p\right)$$

$$\Downarrow$$

$$(\triangle\text{BFH의 넓이}) = \frac{1}{2} \cdot 2p \cdot 2\sqrt{3}\,p = 2\sqrt{3}\,p^2 = 46\sqrt{3}$$

$$\therefore\quad p^2 = 23$$

정답 ▶ 23

이때 포물선의 정의에 의해 $\overline{\text{PF}} = \overline{\text{PP}'} = \dfrac{24}{5}$ 이므로 [실전 개념]-포물선의 초점거리 1$^{\text{Thema 4p}}$을 활용하자.

$$\overline{\text{PF}} = \frac{2p}{1+\cos\theta} = \frac{2p}{1-\left(-\dfrac{3}{5}\right)} = \frac{5}{4}p = \frac{24}{5}$$

$$\therefore\quad 25p = 4\times24 = 96$$

정답 ▶ 96

A

A·44

정답률 35%   Pattern 4   Thema 1 | 2023.3·기하 29번 |

실전적 해법

원 C의 중심을 A라 하고, 두 점 A, P에 대해서 포물선의 준선에 내린 수선의 발을 그린 그림을 그리자.

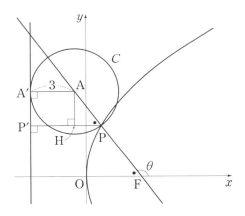

점 A에서 선분 PP′에 내린 수선의 발을 H라 하면 원의 반지름의 길이가 3이므로

$$\overline{\text{P}'\text{P}} = \overline{\text{P}'\text{H}} + \overline{\text{HP}} = \overline{\text{A}'\text{A}} + \overline{\text{AP}}\cos\angle\text{APP}'$$
$$= 3 + 3\cos\angle\text{APP}'$$

이때 주어진 직선의 기울기가 $-\dfrac{4}{3}$ 이므로 직선이 x축의 양의 방향과 이루는 각의 크기를 θ라 하면 $\tan\theta = -\dfrac{4}{3}$ 이고 $\angle\text{APP}' = \pi - \theta$ 이다. 따라서

$$\overline{\text{PP}'} = 3 + 3\cos\angle\text{APP}' = 3 + 3\cos(\pi-\theta)$$
$$= 3 - 3\cos\theta$$
$$= 3 - 3\left(-\frac{3}{5}\right) = \frac{24}{5}$$

A·45

CHALLENGE   정답률 10%   Pattern 4   Thema | 2022.3·기하 30번 |

교과서적 해법

(나)조건에 포물선의 초점거리 $\overline{\text{F}_1\text{B}}$, $\overline{\text{F}_2\text{B}}$가 주어져 있으므로 포물선의 정의인 (초점거리=준선거리)를 그림에서 확인할 수 있도록 그래프를 그려야 한다. 이때 두 선분 A_1A_2, F_1F_2의 중점은 서로 일치하므로 $\overline{\text{A}_1\text{F}_1} = \overline{\text{A}_2\text{F}_2} = p\,(p>0)$ 이다.

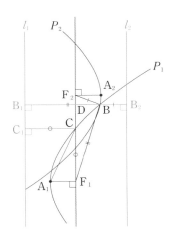

두 포물선 P_1, P_2의 꼭짓점에서 초점까지의 거리가 p이므로 초점 F_1에서 준선 l_1까지의 거리와 초점 F_2에서 준선 l_2까지의 거리는 서로 같고, 그 값은 $2p$이다. 따라서 포물선의 정의에 의해 $\overline{\text{A}_1\text{F}_1} = p$ 이고 $\overline{\text{CF}_1} = \overline{\text{CC}_1} = 2p$ 이므로

$$\overline{\text{A}_1\text{C}} = \sqrt{p^2 + (2p)^2} = p\sqrt{5} = 5\sqrt{5} \rightarrow p = 5$$

두 직선 B_1B_2, F_1F_2가 만나는 점을 D라 하면

$$\overline{\text{B}_1\text{D}} = \overline{\text{B}_2\text{D}} = 2p = 10 \rightarrow \overline{\text{B}_1\text{B}_2} = 20$$

이고 $\overline{\text{F}_2\text{B}} = k\,(k>0)$ 이라 하면 포물선의 정의에 의해

$$\overline{BB_2} = k \quad \rightarrow \quad \overline{BB_1} = \overline{B_1B_2} - \overline{BB_2} = 20 - k = \overline{F_1B}$$

따라서 (나)조건에 의해

$$\overline{F_1B} - \overline{F_2B} = 20 - k - k = 20 - 2k = \frac{48}{5} \quad \rightarrow \quad k = \frac{26}{5}$$

$\overline{BB_2} = k = \frac{26}{5}$ 이므로 $\overline{BD} = 2p - k = \frac{24}{5}$ 이다. 따라서 $\triangle BDF_2$ 에서 피타고라스의 정리에 의해

$$\overline{F_2D}^2 = \left(\frac{26}{5}\right)^2 - \left(\frac{24}{5}\right)^2 = 4 \quad \rightarrow \quad \overline{F_2D} = 2 \,\cdots^{1)}$$

이고 $\overline{BF_1} = 20 - k = \frac{74}{5}$ 이므로 $\triangle BDF_1$ 에서 피타고라스의 정리에 의해

$$\overline{F_1D}^2 = \left(\frac{74}{5}\right)^2 - \left(\frac{24}{5}\right)^2 = 196 \quad \rightarrow \quad \overline{F_1D} = 14 \,\cdots^{2)}$$

$$\therefore \ S = \frac{1}{2} \cdot \frac{24}{5} \cdot (2 + 14) = \frac{192}{5} \quad \rightarrow \quad 10S = 384$$

✅ **CHECK** 각주

해설 본문의 각주

1), 2) 두 식을 계산할 때 합차공식을 활용하면 더 쉽게 해결할 수 있다.

$$\left(\frac{26}{5}\right)^2 - \left(\frac{24}{5}\right)^2 = \left(\frac{26}{5} - \frac{24}{5}\right)\left(\frac{26}{5} + \frac{24}{5}\right) = \frac{2}{5} \cdot \frac{50}{5} = 4$$

$$\left(\frac{74}{5}\right)^2 - \left(\frac{24}{5}\right)^2 = \left(\frac{74}{5} - \frac{24}{5}\right)\left(\frac{74}{5} + \frac{24}{5}\right) = \frac{50}{5} \cdot \frac{98}{5} = 196$$

정답 **384**

A·46

정답률 62%   Pattern ④   Thema

| 2016.7·가 28번 |

교과서적 해법

주어진 포물선의 방정식은 $y^2 = 4 \cdot px$ 이므로 초점 F 의 좌표는 $(p, 0)$, 준선은 $x = -p$ 이다.

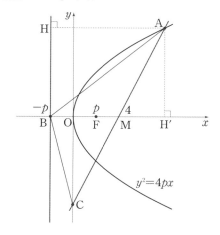

$\triangle ABC$ 의 무게중심이 $F(p, 0)$ 이므로 선분 AC 의 중점 M 에 대하여 점 F 는 선분 BM 의 2:1 내분점이다. 따라서

$$p = \frac{4 \cdot 2 + (-p) \cdot 1}{2 + 1} = \frac{-p + 8}{3} \quad \rightarrow \quad p = 2$$

이때 선분 AC 의 중점 $M(4, 0)$ 에 대하여 점 C 의 x 좌표가 0 이므로

(점 A 의 x 좌표) $= 8$

점 A 에서 준선과 x 축에 내린 수선의 발을 각각 점 H, 점 H′ 이라 하자. 포물선의 정의에 의해

$$\overline{AF} = \overline{AH} = \overline{BO} + \overline{OH'} = p + 8 = 10$$

이고 $\overline{BF} = 2p = 4$ 이므로

$$\therefore \ \overline{AF} + \overline{BF} = 14$$

정답 ▶ **14**

A·47

| 2024.10·기하 29번 |

정답률 45%

Pattern 4   Thema

교과서적 해법

점 Q는 장축의 길이가 8이고 두 초점이 $F(2, 0)$, $F'(-2, 0)$인 타원 C_1 위의 점이므로 타원의 정의에 의해

$$\overline{FQ} + \overline{F'Q} = 8 \cdots \text{Ⓐ}$$

를 만족시킨다. 또한 점 Q는 장축의 길이가 12이고 두 초점이 F, $P(a, 0)\,(a > 2)$인 타원 C_2 위의 점이기도 하므로 타원의 정의에 의해

$$\overline{FQ} + \overline{PQ} = 12 \cdots \text{Ⓑ}$$

를 만족시킨다. 이때, $\overline{F'Q}$, $\overline{FQ}$, $\overline{PQ}$가 이 순서대로 등차수열을 이루므로 등차중항의 성질에 의해

$$
\begin{aligned}
& 2\overline{FQ} = \overline{F'Q} + \overline{PQ} \\
\Leftrightarrow\ & 2\overline{FQ} = (8 - \overline{FQ}) + (12 - \overline{FQ}) \ (\because\ \text{Ⓐ, Ⓑ}) \\
\Leftrightarrow\ & \overline{FQ} = 5 \\
& \qquad \Downarrow \\
& \overline{F'Q} = 3,\ \overline{PQ} = 7 \ (\because\ \text{Ⓐ, Ⓑ})
\end{aligned}
$$

a를 구하기 위해 각 타원을 그려보자. 이때 $\overline{F'Q} = 3$, $\overline{FF'} = 4$, $\overline{FQ} = 5$이므로 $\triangle FF'Q$는 $\angle FF'Q = \dfrac{\pi}{2}$인 직각삼각형임을 알 수 있다.

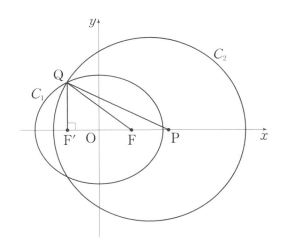

따라서 $\triangle F'PQ$에서 피타고라스정리를 활용하여 $\overline{PF'}$을 구할 수 있다.

$$
\begin{aligned}
\overline{PF'} &= \sqrt{\overline{PQ}^2 - \overline{F'Q}^2} = 2\sqrt{10} \\
&\rightarrow\ a = \overline{PF'} - \overline{OF'} = 2\sqrt{10} - 2
\end{aligned}
$$

$$\therefore\ p = -2,\ q = 2 \quad \rightarrow \quad p^2 + q^2 = 8$$

정답 8

A·48

| 2024.5·기하 30번 |

정답률 15%

Pattern 4   Thema

교과서적 해법

점 A의 x좌표를 a라 하면 주어진 조건은

$$\overline{BF'} - \overline{BA} = \frac{1}{5}\overline{AF'} = \frac{1}{5}(a + c) \cdots \text{Ⓐ}$$

이다. 이때 타원 E_2의 정의를 생각하면

$$\overline{AB} + \overline{BF} = (\text{타원 } E_2 \text{의 장축의 길이})$$

이때 타원 E_2의 두 초점이 A, F이므로 중점을 M이라 하면 M의 x좌표는 $\dfrac{1}{2}(a + c)$이고

$$
\begin{aligned}
(\text{타원 } E_2 \text{의 장축의 길이}) &= 2 \times \overline{MF'} = 2 \times \left\{ \frac{1}{2}(a + c) + c \right\} \\
&= a + 3c
\end{aligned}
$$

이제 이 식을 Ⓐ와 연립하여 타원 E_1에 대한 식으로 만들자.

$$
\begin{aligned}
\overline{BF'} - \overline{BA} &= \frac{1}{5}(a + c) \\
\overline{AB} + \overline{BF} &= a + 3c \\
&\Downarrow \\
\overline{BF'} + \overline{BF} &= \frac{1}{5}(a + c) + a + 3c = 2a \ (\because\ \text{타원 } E_1 \text{의 정의}) \\
&\rightarrow\ a = 4c
\end{aligned}
$$

이제 타원 E_2의 단축의 길이가 $4\sqrt{3}$임을 활용하자. E_1의 두 초점 사이의 거리는 $a - c = 3c$, 장축의 길이는 $a + 3c = 7c$이므로 타원에서의 직각삼각형을 생각하면

$$
\begin{aligned}
(2\sqrt{3})^2 &= \left(\frac{7}{2}c \right)^2 - \left(\frac{3}{2}c \right)^2 = 10c^2 \\
&\rightarrow\ c^2 = \frac{12}{10} = \frac{6}{5}
\end{aligned}
$$

$$\therefore\ 30 \times c^2 = 36$$

정답 36

A·49

| 2024.3·기하 28번 |

정답률 56%

Pattern 04   Thema

교과서적 해법

두 타원의 교점 Q와 두 타원의 초점을 연결한 그림을 먼저 그리자.

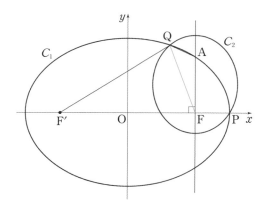

타원 C_2의 장축의 길이를 $2a$라 하면 타원의 정의에 의해

$$\overline{F'Q} - \overline{AQ} = (\overline{F'Q} + \overline{FQ}) - (\overline{FQ} + \overline{AQ}) = 18 - 2a$$

이므로 타원 C_2의 장축의 길이만 구하면 된다. 이제 두 점 A, P 에 대하여 각각 두 타원 C_1, C_2의 초점과 연결한 그림을 그리자.

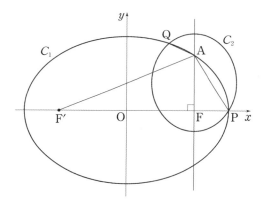

$\triangle AFF'$에서 $\cos(\angle FF'A) = \dfrac{12}{13}$이므로 $\overline{AF'} = 13k$라 하면 $\overline{FF'} = 12k$, $\overline{AF} = 5k$이다. 이때 타원의 정의에 의해

$$\overline{AF} + \overline{AF'} = 5k + 13k = 18k = 18 \rightarrow k = 1$$

$\overline{FF'} = 12k = 12$이므로

$$\overline{PF} = \overline{OP} - \overline{OF} = \overline{OP} - \frac{\overline{FF'}}{2} = 9 - 6 = 3$$

따라서 $\triangle AFP$에서 피타고라스의 정리에 의해

$$\overline{AP} = \sqrt{\overline{AF}^2 + \overline{PF}^2} = \sqrt{5^2 + 3^2} = \sqrt{34}$$

이므로 타원 C_2의 장축의 길이는

$$2a = \overline{PF} + \overline{AP} = 3 + \sqrt{34}$$

$$\therefore \ \overline{F'Q} - \overline{AQ} = 18 - 2a = 15 - \sqrt{34}$$

정답 ③

A·50

| 2023.3·기하 28번 |

정답률 52%

Pattern 04   Thema

교과서적 해법

두 타원의 교점 P와 세 초점을 연결한 그림을 그리자.

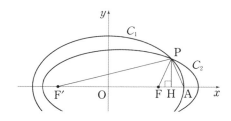

먼저 두 타원의 장축의 길이가 같으므로

$$\overline{PF} + \overline{PF'} = \overline{PA} + \overline{PF'} = 6 \rightarrow \overline{PA} = \overline{PF}$$

이다. 즉, $\triangle AFP$는 이등변삼각형이고, 점 P에서 x축에 내린 수선의 발을 H라 하면 이등변삼각형의 성질에 의해 점 H는 선 분 AF의 중점이다.

문제에서 $\cos(\angle AFP) = \dfrac{3}{8}$으로 주어졌으므로 양수 k에 대하여 $\overline{FH} = 3k$라 하면

$$\overline{PF} = \overline{AP} = 8k \rightarrow \overline{PF'} = 6 - \overline{PF} = 6 - 8k$$

임을 알 수 있다. 이때 점 A의 x좌표가 3이므로

$$\overline{OA} = \overline{OF} + 2\overline{FH} = 3 \rightarrow c + 6k = 3 \cdots ⓐ$$

$\triangle PF'A$에서 $\cos(\angle PAF) = \cos(\angle AFP)$이므로 코사인법칙에 의해

$$\overline{PF'}^2 = \overline{PA}^2 + \overline{AF'}^2 - 2\overline{PA}\cdot\overline{AF'}\cos(\angle PAF)$$

$$\rightarrow \quad (6-8k)^2 = (8k)^2 + (3+c)^2 - 2(8k)(3+c)\cdot\frac{3}{8}$$

$$\rightarrow \quad 36 - 96k = (3+c)^2 - 6k(3+c)$$

$$\rightarrow \quad 36 - 96k = (6-6k)^2 - 6k(6-6k) \quad (\because \text{ⓐ})$$

$$\rightarrow \quad 72k^2 - 12k = 0$$

$$\rightarrow \quad k = \frac{1}{6} \quad (\because \ k > 0)$$

$$\therefore \ (\triangle PFA \text{의 둘레의 길이}) = \overline{FA} + \overline{PF} + \overline{PA} = 22k = \frac{11}{3}$$

정답 ④

A·51
정답률 65%   해설 Thema 6 학습 |2022.7·기하 28번|
Pattern 4   Thema 6

실전적 해법

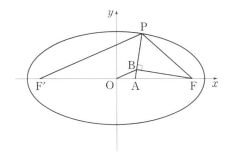

타원 위의 점 P에 대하여 두 초점과 연결한 선분이 이미 그려져 있으므로 추가적인 작도는 필요하지 않다. $\overline{AF} = \dfrac{9}{2}$, $\overline{AF'} = \dfrac{15}{2}$ 이고 $\angle FPA = \angle F'PA$ 이므로 [실전 개념]-각의 이등분선의 정리 Thema 25p에 의해

$$\overline{PF} : \overline{PF'} = \overline{AF} : \overline{AF'} = 3:5$$

따라서 $k > 0$인 실수 k에 대하여 $\overline{PF} = 3k$, $\overline{PF'} = 5k$라 하면 타원의 정의에 의해 $\overline{PF'} + \overline{PF} = 8k = 2a$이므로 $a = 4k$이다.

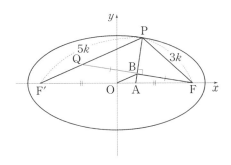

$\angle FPF'$의 이등분선과 직선 BF가 서로 수직이므로 직선 BF와 직선 PF'이 만나는 점을 Q라 하면 $\triangle PFQ$는 이등변삼각형이다. 따라서 두 점 B, O는 각각 두 선분 FQ, FF'의 중점이므로 $\triangle FBO \backsim \triangle FQF'$이고 닮음비는 $1:2$이다. 중점연결정리에 의해

$$\overline{OB} = \sqrt{3} \quad \rightarrow \quad \overline{QF'} = 2\sqrt{3}$$

이고 $\overline{PF} = \overline{PQ} = 3k$이므로

$$\overline{QF'} = \overline{PF'} - \overline{PQ} = 2k = 2\sqrt{3} \quad \rightarrow \quad k = \sqrt{3}$$

따라서 $a = 4\sqrt{3}$이고 타원 $\dfrac{x^2}{a^2} + \dfrac{y^2}{b^2} = 1$의 두 초점의 좌표가 $F(6, 0)$, $F'(-6, 0)$이므로

$$b^2 = a^2 - 6^2 \quad \rightarrow \quad b = 2\sqrt{3} \ (\because \ b > 0)$$

$$\therefore \ a \times b = 4\sqrt{3} \times 2\sqrt{3} = 24$$

정답 ③

A·52
정답률 52% |2022.4·기하 28번|
Pattern 4   Thema 6

실전적 해법

타원 위의 두 점 P, Q에 대하여 두 초점과 연결한 선분이 이미 그려져 있으므로 추가적인 작도는 필요하지 않다. 타원의 정의에 의해 $\overline{FQ} + \overline{F'Q} = 2a \ (a > 0)$이므로

$$\overline{FQ} : \overline{F'Q} = 1:4 \quad \Leftrightarrow \quad \overline{FQ} = \frac{2a}{5}, \quad \overline{F'Q} = \frac{8a}{5}$$

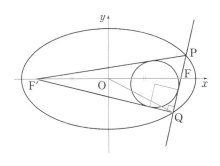

이때 $\overline{OQ} = \overline{OF} = \overline{OF'}$이므로 점 O는 $\triangle FQF'$의 외심이다. 즉, 점 Q는 선분 FF'을 지름으로 하는 원 위의 점이므로 $\angle FQF' = \dfrac{\pi}{2}$이다.

지금까지 얻은 정보와 문제의 조건을 보면 직각삼각형의 내접원의 반지름의 길이가 주어져 있는 것과 같다. 따라서 [실전 개념]-내접원의 반지름 (= 접선의 성질)$^{\text{Thema 24p}}$을 활용할 수 있다. 먼저 $\triangle\text{PQF}'$의 둘레의 길이의 합은 $4a$이므로

$$(\triangle\text{PQF}'\text{의 넓이}) = \frac{1}{2}\cdot r\cdot 4a = \frac{1}{2}\cdot\overline{\text{PQ}}\cdot\overline{\text{F}'\text{Q}}$$

$$\Leftrightarrow \quad \frac{4a}{5}\cdot\overline{\text{PQ}} = 4a \quad \rightarrow \quad \overline{\text{PQ}}=5$$

따라서 $\overline{\text{PF}}=5-\dfrac{2a}{5}$이므로 타원의 정의에 의해 $\overline{\text{PF}'}=\dfrac{12a}{5}-5$이다. 이때 [실전 개념]-내접원의 반지름 (= 접선의 성질)$^{\text{Thema 24p}}$의 ②에 의해

$$\overline{\text{F}'\text{Q}}+\overline{\text{PQ}}-\overline{\text{PF}'}=2r \quad\Leftrightarrow\quad \frac{8a}{5}+5-\left(\frac{12a}{5}-5\right)=4$$

$$\rightarrow \quad a=\frac{15}{2} \quad\rightarrow\quad \overline{\text{FQ}}=3, \quad \overline{\text{F}'\text{Q}}=12$$

따라서 $\triangle\text{FQF}'$에서 피타고라스의 정리에 의해

$$(2c)^2=3^2+12^2 \quad\rightarrow\quad c^2=\frac{153}{4}$$

$$\therefore \quad c=\frac{3\sqrt{17}}{2}$$

정답 ③

A·53

정답률 41%   Pattern ④   Thema ④

교과서적 해법

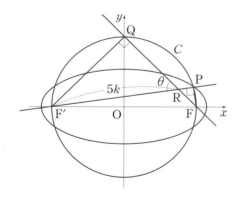

두 점 P, Q는 원 C 위의 점이므로 $\angle\text{FPF}'=\angle\text{FQF}'=\dfrac{\pi}{2}$이다. 따라서 $k>0$인 실수 k에 대하여 $\overline{\text{RF}'}=5k$라 하면 $\overline{\text{RQ}}=3k$, $\overline{\text{F}'\text{Q}}=4k$이다.

두 직선 $\text{F}'\text{P}$, QF의 교점을 R이라 하면 $\angle\text{PRF}=\angle\text{QRF}'=\theta$이다. 이때 두 점 F, F$'$은 서로 y축에 대해 대칭이므로 $\overline{\text{FQ}}=\overline{\text{F}'\text{Q}}=4k$이고

$$\overline{\text{FR}} = \overline{\text{FQ}}-\overline{\text{RQ}} = k$$

$$\rightarrow \quad \overline{\text{RP}} = \overline{\text{FR}}\cos\theta = \frac{3}{5}k, \quad \overline{\text{PF}} = \overline{\text{FR}}\sin\theta = \frac{4}{5}k$$

$$\rightarrow \quad \overline{\text{PF}}+\overline{\text{F}'\text{P}} = \overline{\text{PF}}+\overline{\text{RP}}+\overline{\text{RF}'} = \frac{32}{5}k = 2a$$

$$\rightarrow \quad a^2=\frac{256}{25}k^2$$

이때 직각이등변삼각형 FQF'에 대하여 $\overline{\text{QF}'}=\overline{\text{QF}}=4k$이므로 두 초점 사이의 거리 $\overline{\text{FF}'}=4\sqrt{2}\,k=2c$이다. 따라서

$$b^2 = a^2-c^2 = \frac{256}{25}k^2-8k^2 = \frac{56}{25}k^2$$

$$\therefore \quad \frac{b^2}{a^2} = \frac{\dfrac{56}{25}k^2}{\dfrac{256}{25}k^2} = \frac{7}{32}$$

정답 ④

A·54

CHALLENGE   정답률 10%

교과서적 해법

타원 위의 점 P와 두 초점을 연결한 선분이 이미 그려져 있으므로 추가적인 작도는 필요하지 않다. 직선 FP가 원 C와 만나는 점을 R이라 하면

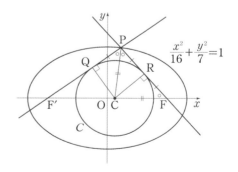

$$\triangle\text{PCQ}\equiv\triangle\text{PCR} \cdots^{1)} \quad\rightarrow\quad \overline{\text{PQ}}=\overline{\text{PR}}=\overline{\text{FR}} \ (\because \ 2\overline{\text{PQ}}=\overline{\text{FP}})$$

$$\rightarrow \quad \triangle\text{PCR}\equiv\triangle\text{FCR}$$

$$\rightarrow \quad \overline{\text{CP}}=\overline{\text{CF}}$$

따라서 $\overline{\text{CF}}$를 구하면 된다. $\overline{\text{FF}'}=2\sqrt{16-7}=6$이므로 $\overline{\text{CF}}=a$라 하면 $\overline{\text{CF}'}=6-a$이다. 이때, $\triangle\text{F}'\text{CP}\backsim\triangle\text{F}'\text{PF}$이므로

$$\overline{CF'}:\overline{F'P}=\overline{F'P}:\overline{FF'} \iff 6-a:\overline{F'P}=\overline{F'P}:6$$
$$\to \overline{F'P}=\sqrt{6(6-a)}, \overline{FP}=8-\sqrt{6(6-a)}$$

$$\overline{CF'}:\overline{CP}=\overline{F'P}:\overline{FP}$$
$$\iff 6-a:a=\sqrt{6(6-a)}:8-\sqrt{6(6-a)}$$
$$\to a\sqrt{6(6-a)}=(6-a)(8-\sqrt{6(6-a)})$$
$$\to a\sqrt{6}=\sqrt{6-a}(8-\sqrt{6(6-a)}) \ \cdots^{2)}$$
$$\to a\sqrt{6}=8\sqrt{6-a}-6\sqrt{6}+a\sqrt{6}$$
$$\to 4\sqrt{6-a}=3\sqrt{6}$$
$$\to \overline{CP}=a=\frac{21}{8}$$

$$\therefore 24\times\overline{CP}=24\times\frac{21}{8}=63$$

✅ **CHECK 각주**

해설 본문의 각주

1) ≡ 는 '합동'을 나타내는 기호로 약속하자.

2) $\overline{CF}=a$, $\overline{CF'}=6-a$ 이므로 $0<a<6$ 이다. 따라서 위의 식에서 양변을 $\sqrt{6-a}$ 로 나누어도 된다.

정답 63

A·55

| 2018.7·가 28번 |

정답률 67%

Pattern 4   Thema

교과서적 해법

$\overline{FM}=\overline{PM}=\overline{QM}=5$ 이므로 외심이 삼각형의 한 변 위에 있는 $\triangle PQF$ 는 직각삼각형임을 알 수 있다.

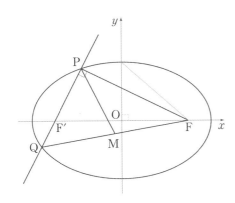

$\overline{PQ}=6$, $\overline{QF}=10$ 이므로 $\triangle PQF$ 에 대하여 피타고라스의 정리를 사용하면

$$\overline{PF}^2=\overline{QF}^2-\overline{PQ}^2=10^2-6^2=64 \to \overline{PF}=8$$

타원의 장축의 길이가 $2a$ 이므로 타원의 정의에 의해

$$\overline{PF}+\overline{PF'}=2a, \overline{QF}+\overline{QF'}=2a$$
$$\to (\triangle PQF \text{ 의 둘레의 길이})=2a+2a=24$$
$$\to a=6$$

이다. $\overline{PF}=8$ 이므로

$$\overline{PF}+\overline{PF'}=12 \to \overline{PF'}=4$$

따라서 $\triangle PFF'$ 에 대하여 피타고라스의 정리를 사용하면

$$\overline{FF'}=\sqrt{\overline{PF}^2+\overline{PF'}^2}=\sqrt{8^2+4^2}=4\sqrt{5}$$
$$\to c=2\sqrt{5}$$

이제 타원에서 직각삼각형을 사용하면
$$b=\sqrt{a^2-c^2}=\sqrt{36-20}=4$$

$$\therefore (\text{타원의 단축의 길이})=2b=8$$

정답 8

A·56

정답률 75%

| 2024.7·기하 28번 |

Pattern 4   Thema

교과서적 해법 1

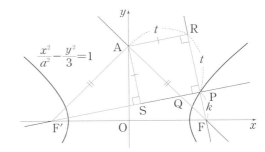

$\overline{PF}=k$ 라 하면 쌍곡선의 정의에 의해 $\overline{PF'}=k+2a$ 이다. 이때 두 점 F, F' 은 y축에 대칭이므로 $\overline{AF}=\overline{AF'}$ 이고, 문제의 조건에 의해 $\overline{AR}=\overline{AS}$ 이므로 $\triangle ARF \equiv \triangle ASF'$ 이다.[1]

따라서 정사각형 ARPS의 한 변의 길이를 t 라 하면

$$\overline{FR}=\overline{F'S}=k+t$$
$$\to \overline{SP}=\overline{PF'}-\overline{F'S}=2a-t=t$$
$$\to t=a$$

또한, $\triangle ARF \backsim \triangle QPF$ 이므로

$$\overline{AR} : \overline{RF} = \overline{QP} : \overline{PF} \iff a : a+k = \frac{a}{3} : k$$

$$\rightarrow \quad k = \frac{a}{2}$$

$$\rightarrow \quad \overline{PF} = \frac{a}{2}, \quad \overline{PF'} = \frac{5a}{2}$$

따라서 $\triangle PFF'$ 에서 피타고라스의 정리에 의해

$$\left(\frac{a}{2}\right)^2 + \left(\frac{5a}{2}\right)^2 = (2c)^2 \iff \frac{13a^2}{2} = 4(a^2+3)$$

$$\therefore \quad a^2 = \frac{24}{5}$$

교과서적 해법 2

[교과서적 해법1]에서 $\triangle ARF \equiv \triangle ASF'$ 임을 찾은 이후, 선분 PS 의 $2:1$ 외분점을 T 라 하면

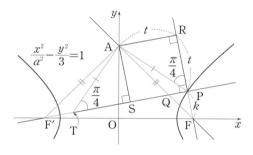

$$\overline{AT} = \overline{AP}, \quad \overline{AF'} = \overline{AF}, \quad \angle ATF' = \angle APF = \frac{3\pi}{4}$$

$$\rightarrow \quad \triangle ATF' \equiv \triangle APF \quad \cdots^{2)}$$

$$\rightarrow \quad \overline{TF'} = \overline{PF} = k$$

$$\rightarrow \quad \overline{PT} = 2a = 2t$$

$$\rightarrow \quad t = a$$

이후의 풀이는 [교과서적 해법1]과 같다.

✅ **CHECK 각주**   해설 본문의 각주

1) $\equiv$ 는 두 도형이 서로 합동임을 나타내는 기호이다.

2) 두 변과 끼인각이 아닌 각이 주어진 경우에도 모르는 변의 길이를 x 라 두고 주어진 각을 중심으로 사인법칙 또는 코사인법칙을 쓰면 나머지 두 각도 모두 구할 수 있어 끼인각을 알 수 있다.

정답 ④

A·57

정답률 20%   Pattern ◁4   Thema | 2024.3·기하 30번 |

교과서적 해법

쌍곡선과 원의 교점 P 와 쌍곡선의 두 초점을 연결한 그림을 먼저 그리자.

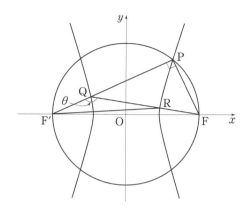

점 Q 가 선분 $F'P$ 의 $1:2$ 내분점이므로 $\overline{PQ} = 2a$, $\overline{QF'} = a$ 라 하면 쌍곡선의 정의에 의해

$$\overline{PF'} - \overline{PF} = 6 \quad \rightarrow \quad \overline{PF} = 3a-6$$

$$\overline{QF} - \overline{QF'} = 6 \quad \rightarrow \quad \overline{QF} = a+6$$

이때 선분 FF' 은 원의 지름이므로 $\angle FPF' = \frac{\pi}{2}$ 이다. 따라서 $\triangle PFQ$ 에서 피타고라스의 정리에 의해

$$\overline{PF}^2 + \overline{PQ}^2 = \overline{QF}^2 \iff (3a-6)^2 + (2a)^2 = (a+6)^2$$

$$\rightarrow \quad 12a(a-4) = 0$$

$$\rightarrow \quad a = 4$$

$\overline{QF} = a+6 = 10$ 이므로 $\overline{QR} = b$ 라 하면 $\overline{RF} = 10-b$ 이고 쌍곡선의 정의에 의해

$$\overline{RF'} - \overline{RF} = 6 \quad \rightarrow \quad \overline{RF'} = 16-b$$

이다. 이때 $\angle FQF' = \theta$ 라 하면 $\triangle PFQ$ 에서

$$\cos(\pi - \theta) = -\cos\theta = \frac{\overline{PQ}}{\overline{QF}} = \frac{4}{5} \quad \rightarrow \quad \cos\theta = -\frac{4}{5}$$

이므로 $\triangle QF'R$ 에서 코사인법칙에 의해

$$\cos\theta = \frac{4^2 + b^2 - (16-b)^2}{2 \cdot 4 \cdot b} = \frac{32b-240}{8b} = -\frac{4}{5}$$

$$\rightarrow \quad 20b - 150 = -4b \quad \rightarrow \quad b = \frac{25}{4}$$

따라서 $\overline{QF'}=4$, $\overline{QR}=\dfrac{25}{4}$ 이고, $\sin\theta=\dfrac{3}{5}$ 이므로

$$S = (\triangle QF'R \text{ 의 넓이}) = \frac{1}{2}\overline{QF'}\cdot\overline{QR}\cdot\sin\theta = \frac{15}{2}$$

$$\therefore\ 20S = 150$$

정답 150

A·58

정답률 43%   Pattern   4   Thema

| 2023.7·기하 28번 |

교과서적 해법

쌍곡선 위의 점 P와 두 초점을 연결한 그림이 이미 그려져 있으므로 추가적인 작도는 필요하지 않다.

$\overline{PF}:\overline{PF'}=3:4$ 이므로 $\overline{PF}=3t$, $\overline{PF'}=4t$ 라고 두면 쌍곡선의 정의에 의해 다음을 얻는다.

$$\overline{PF'}-\overline{FP} = t = 2a\ \rightarrow\ \overline{PF}=6a,\ \overline{PF'}=8a$$

한편 직선 PF' 이 원의 중심을 지나는 직선 AF 와 수직이므로 $\overline{PQ}=\overline{QF'}$ 이고, $\overline{FQ}$ 가 공통이므로 $\triangle PQF\equiv\triangle F'QF$ 이다. 따라서

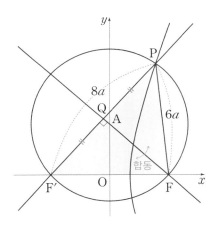

$$\overline{FF'} = \overline{FP} = 6a\ \rightarrow\ 2c=6a\ \rightarrow\ c=3a$$

이제 쌍곡선에서 직사각형과 원을 생각하면 다음을 알 수 있다.

$$a^2+b^2=c^2\ \rightarrow\ b^2=8a^2$$

마지막으로 주어진 점 A의 좌표를 이용하기 위해 $\triangle OAF$ 를 이용하자. $\triangle OAF$ 는 $\angle AFO$ 를 한 각으로 하는 직각삼각형이므로 $\triangle OAF \backsim \triangle QFF'$ 이다. 따라서 $\triangle QFF'$ 을 관찰하자.

$$\overline{FF'}=6a,\quad \overline{F'Q}=\frac{1}{2}\overline{PF'}=4a$$

$$\rightarrow\ \sin\angle AFO = \frac{\overline{F'Q}}{\overline{FF'}} = \frac{2}{3}$$

$$\rightarrow\ \tan\angle AFO = \frac{2}{\sqrt{5}}$$

이제 $\triangle OAF$ 에서 삼각비를 이용하면 다음과 같다.

$$\tan\angle AFO = \frac{\overline{OA}}{\overline{OF}} = \frac{6}{3a} = \frac{2}{\sqrt{5}}\ \rightarrow\ a=\sqrt{5}$$

$$\therefore\ b^2-a^2 = 8a^2-a^2 = 35$$

정답 ②

A·59

정답률 27%   Pattern   4   Thema

| 2022.3·기하 29번 |

교과서적 해법

쌍곡선 위의 두 점 A, B에 대해 두 초점과 연결한 선분을 그려야 한다. 쌍곡선 $\dfrac{x^2}{4}-\dfrac{y^2}{32}=1$ 의 두 초점을 $F(6,0)$, $F'(-6,0)$ 이라 하면 (가)조건에 의해 점 A는 제1사분면 위의 점이다.

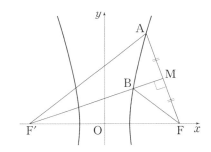

직선 MF' 은 선분 AF 의 수직이등분선이므로 $\triangle AMF'\equiv\triangle FMF'$ 이다. 따라서 $\overline{AF'}=\overline{FF'}=12$ 이다.

이때 쌍곡선의 정의에 의해

$$\overline{AF'}-\overline{AF}=4\ \rightarrow\ \overline{AF}=8$$

이므로 $\overline{MF}=\overline{AF}=4$ 이고 피타고라스의 정리에 의해

$$\overline{MF'} = \sqrt{\overline{FF'}^2-\overline{MF}^2} = \sqrt{12^2-4^4} = 8\sqrt{2}$$

$t>0$ 인 실수 t 에 대하여 $\overline{BF}=t$ 라 하면 쌍곡선의 정의에 의해

$$\overline{\text{BF}'} - \overline{\text{BF}} = 4 \quad \rightarrow \quad \overline{\text{BF}'} = t+4$$

$$\Downarrow$$

$$\overline{\text{BM}} = \overline{\text{MF}'} - \overline{\text{BF}'} = 8\sqrt{2} - 4 - t$$

$$\rightarrow \quad k = \overline{\text{BF}} + \overline{\text{MF}} + \overline{\text{BM}} = t+4 + (8\sqrt{2}-4-t) = 8\sqrt{2}$$

$$\therefore k^2 = 128$$

정답   128

A·60

| 2021.10·기하 29번 |

정답률 35%   Pattern   4   Thema   6

실전적 **해법**

쌍곡선 위의 점 P 에 대하여 두 초점과 연결한 선분이 이미 그려
져 있으므로 추가적인 작도는 필요하지 않다.

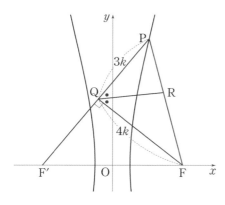

[실전 개념]-각의 이등분선의 정리$^{\text{Thema 25p}}$에 의해

$$4\overline{\text{PR}} = 3\overline{\text{RF}} \quad \Leftrightarrow \quad \overline{\text{PR}} : \overline{\text{RF}} = \overline{\text{PQ}} : \overline{\text{QF}} = 3:4$$

이므로 $\overline{\text{PQ}} = 3k$, $\overline{\text{QF}} = 4k (k>0)$라 하면 $\angle \text{PQF} = \dfrac{\pi}{2}$ 이므로

$\overline{\text{PF}} = 5k$ 이다. 이때 쌍곡선의 정의에 의해

$$\overline{\text{PF}'} - \overline{\text{PF}} = 2 \quad \rightarrow \quad \overline{\text{QF}'} = 2k+2$$

이고 △QF'F 에서 피타고라스의 정리에 의해

$$\overline{\text{FF}'}^{2} = (2k+2)^2 + (4k)^2 = 20k^2 + 8k + 4$$

쌍곡선 $x^2 - \dfrac{y^2}{16} = 1$ 의 두 초점 사이의 거리는 $2\sqrt{17}$ 이므로

$$\overline{\text{FF}'}^{2} = 20k^2 + 8k + 4 = 68 \quad \Leftrightarrow \quad 5k^2 + 2k - 16 = 0$$

$$\Leftrightarrow \quad (5k-8)(k+2) = 0$$

$$\rightarrow \quad k = \frac{8}{5} \ (\because \ k>0)$$

$$\therefore (\triangle \text{PF}'\text{F 의 넓이}) = \frac{1}{2} \cdot \overline{\text{QF}} \cdot \overline{\text{PF}'} = \frac{1}{2} \cdot 4k(5k+2) = 32$$

정답   32

A·61

| 2018.4·가 28번 |

정답률 36%   Pattern   4   Thema

교과서적 **해법**

쌍곡선의 주축의 길이가 6 이므로

$$2a = 6 \quad \rightarrow \quad a = 3$$

이때 쌍곡선의 정의에 의해 $\overline{\text{PF}'} - \overline{\text{PF}} = 6$ 이므로 $\overline{\text{PQ}} + \overline{\text{PF}'}$ 을 정
의로 얻은 식을 이용하여 정리하면$^{\star)}$

$$\overline{\text{PQ}} + \overline{\text{PF}'} = \overline{\text{PQ}} + (\overline{\text{PF}}+6) \geq 12 \quad \rightarrow \quad \overline{\text{PQ}} + \overline{\text{PF}} \geq 6$$

따라서 $\overline{\text{PQ}} + \overline{\text{PF}}$ 가 최소인 상황은 점 Q, P 가 모두 선분 AF
위의 점일 때이므로 다음과 같이 그림을 그릴 수 있다.

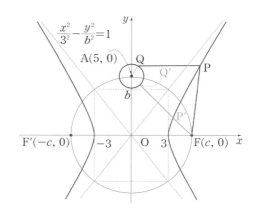

$\overline{\text{P}'\text{Q}'} + \overline{\text{P}'\text{F}} = 6$ 이므로 $\overline{\text{AF}} = 7$ 이고 △AOF 에 대하여 피타고라스
의 정리를 사용하면

$$\overline{\text{AF}}^2 - 5^2 = c^2 \quad \rightarrow \quad c^2 = 24$$

따라서 쌍곡선에서 직각삼각형을 이용하면

$$b^2 = c^2 - 3^2 = 15$$

$$\therefore a^2 + 3b^2 = 54$$

논리적 정답화

★과 같이 식을 교체해 주어야 하는 이유를 알아보자.

두 고정점과 그 사이에서 움직이는 점 사이의 거리의 합의 최솟값은 두 고정점을 이은 선분의 길이임을 쉽게 알 수 있다.

이 문제의 경우 두 고정점인 점 A와 초점 F′ 사이에 동점 P가 움직이는 경계선이 없으므로 이차곡선의 정의를 이용하여 고정점의 위치를 바꾸어 주면 쉽게 해결할 수 있다.

정답 54

A·62

| 2025.사관·기하 28번 |

Pattern   4   Thema

교과서적 해법

타원 $\dfrac{x^2}{81} + \dfrac{y^2}{75} = 1$ 의 초점 F의 x좌표는

$$c = \sqrt{81-75} = \sqrt{6}$$

이다. 점 P가 타원 위의 점이므로 타원의 정의를 이용하자.
$\overline{PF} = k$라 하면

$$\overline{PF} + \overline{PF'} = 18 \;\rightarrow\; \overline{PF'} = 18-k$$

이고, (가)조건에 의해 $\overline{PQ} = \overline{PF} = k$이므로

$$\overline{QF'} = \overline{PF'} - \overline{PQ} = \overline{PF'} - k = 18-2k$$

이다. 또한 두 점 P, Q는 주축의 길이가 $2a$인 쌍곡선 위의 점이므로 각각의 점에 쌍곡선의 정의를 이용하면 다음을 얻는다.

$$2a = \overline{PF'} - \overline{PF} = \overline{QF} - \overline{QF'} \cdots ⒜$$
$$\rightarrow\; \overline{QF} = \overline{PF'} - \overline{PF} + \overline{QF'}$$
$$= (18-k) - k + (18-2k)$$
$$= 36 - 4k$$

이제 (나)조건을 이용하자.

$$(\triangle PQF \text{의 둘레의 길이}) = \overline{PF} + \overline{PQ} + \overline{QF}$$
$$= k + k + (36-4k)$$
$$= 36 - 2k$$
$$\Downarrow$$
$$36 - 2k = 20 \;\rightarrow\; k=8$$

이를 ⒜에 대입하면

$$2a = (18-k) - k = 2 \;\rightarrow\; a=1$$

이고, 쌍곡선 $\dfrac{x^2}{a^2} - \dfrac{y^2}{b^2} = 1$ 의 한 초점의 좌표가 $F(\sqrt{6}, 0)$ 이므로

$$a^2 + b^2 = \sqrt{6}^{\,2} \;\rightarrow\; b^2 = 5$$

이다. 이제 점 P의 x좌표를 구하기 위해 타원과 쌍곡선의 방정식을 연립하자.

$$\dfrac{x^2}{81} + \dfrac{y^2}{75} = 1 \cdots ⒝ \qquad x^2 - \dfrac{y^2}{5} = 1 \cdots ⒞$$
$$\Downarrow$$
$$\therefore\; 15 \times ⒝ + ⒞ : \dfrac{15}{81}x^2 + x^2 = 16 \;\rightarrow\; x^2 = \dfrac{27}{2}$$
$$\rightarrow\; x = \dfrac{3\sqrt{6}}{2} \;(\because\; x>0)$$

정답 ②

A·63

| 2022.사관·기하 29번 |

Pattern   4   Thema

교과서적 해법

포물선의 초점거리가 주어졌으므로 포물선의 정의인 (초점거리=준선거리)를 그림에서 확인할 수 있도록 그래프를 그려야 한다.
이때, 점 B에서 타원의 두 초점에 연결한 선분도 같이 그리자.

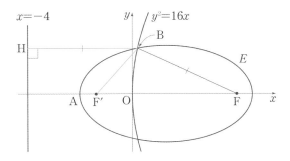

그림과 같이 점 B에서 준선에 내린 수선의 발을 H라 하자. 포물선의 정의에 의해 $\overline{BH} = \dfrac{21}{5}$ 이므로 점 B의 x좌표는 $\dfrac{1}{5}$ 이고 이를 포물선의 방정식 $y^2 = 16x$ 에 대입하면 $B\left(\dfrac{1}{5},\; \dfrac{4\sqrt{5}}{5}\right)$ 이다.

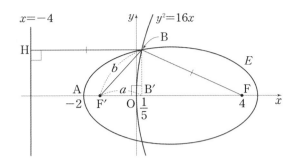

이때 점 B에서 x축에 내린 수선의 발 $B'\left(\dfrac{1}{5}, 0\right)$에 대하여 $\overline{B'F'}=a\,(a>0)$라 하고, $\overline{BF'}=b\,(b>0)$라 하면 피타고라스의 정리와 타원의 정의에 의해

$$b^2 = a^2 + \frac{16}{5} \cdots ⒜$$

$$\rightarrow \quad \overline{BF}+\overline{BF'} = \frac{21}{5}+b = k \cdots ⒝$$

이때 $\overline{AF}=6$이고

$$\overline{AB'}=\frac{11}{5} \quad \rightarrow \quad \overline{AF'} = \overline{AB'}-\overline{B'F'} = \frac{11}{5}-a$$

따라서 타원의 정의에 의해

$$\overline{AF}+\overline{AF'} = 6+\frac{11}{5}-a = \frac{41}{5}-a = k \cdots ⒞$$

⒝와 ⒞를 연립하면

$$k = \frac{21}{5}+b = \frac{41}{5}-a \quad \rightarrow \quad a+b=4$$

이고 $a+b=4$를 ⒜에 대입하면

$$b^2 = a^2+\frac{16}{5} \;\Leftrightarrow\; b^2-a^2=\frac{16}{5} \;\Leftrightarrow\; (b-a)(b+a)=\frac{16}{5}$$

$$\Leftrightarrow \; b-a=\frac{4}{5}$$

$$\rightarrow \quad a=\frac{8}{5}, \; b=\frac{12}{5}$$

따라서 ⒝에 의해

$$\therefore \; k = \frac{21}{5}+b = \frac{33}{5} \quad \rightarrow \quad 10k=66$$

A·64

| 2021.3·기하 29번 |
정답률 52%   Pattern 4   Thema

교과서적 해법

타원과 쌍곡선 위의 점 P에 대해 두 곡선의 초점을 연결한 그림을 그리자.

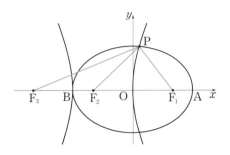

타원의 장축의 길이가 6이고 쌍곡선의 주축의 길이가 3이므로 타원과 쌍곡선의 정의에 의해

$$\overline{PF_1}+\overline{PF_2}=6, \quad \overline{PF_3}-\overline{PF_1}=3 \quad \rightarrow \quad \overline{PF_2}+\overline{PF_3}=6+3=9$$

따라서 $\overline{F_2F_3}$만 구하면 된다. 이때, $\overline{OF_1}=\overline{BF_3}$이므로

$$\overline{BF_3}=c \quad \rightarrow \quad \overline{OF_3} = \overline{OB}+\overline{BF_3} = c+3$$
$$\rightarrow \quad \overline{F_2F_3} = \overline{OF_3}-\overline{OF_2} = c+3-c = 3$$

$$\therefore \; (\text{삼각형 } PF_3F_2 \text{의 둘레의 길이}) = \overline{PF_2}+\overline{PF_3}+\overline{F_2F_3} = 12$$

A·65

| 2023.3·기하 30번 |
CHALLENGE   정답률 15%   Pattern 4   Thema

교과서적 해법

타원 위의 점 B에서 타원의 두 초점을 이은 선분과 쌍곡선 위의 점 Q에서 쌍곡선의 두 초점을 이은 선분을 그리자.

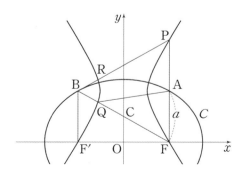

구하는 값이 $\overline{\text{AF}}$ 이므로 $\overline{\text{AF}} = a$ 라 하자. 이때 두 점 P, F 는 쌍곡선과 직선 $x = c$ 의 교점인데, 쌍곡선과 직선 모두 직선 $y = a$ 에 대하여 대칭이므로

$$\overline{\text{AF}} = \overline{\text{AP}} = a \quad \rightarrow \quad \overline{\text{PF}} = 2a$$

이고 (가)조건에 의해

$$\overline{\text{PF}} = \overline{\text{BF}} = \overline{\text{BP}} = 2a$$

임을 알 수 있다. 이때 점 F 는 타원의 초점이면서 쌍곡선 위의 점이므로 타원과 쌍곡선의 정의에 의해 장축의 길이와 주축의 길이는 각각

$$\overline{\text{BF}'} + \overline{\text{BF}} = \overline{\text{AF}} + \overline{\text{BF}} = 3a, \quad \overline{\text{BF}} - \overline{\text{AF}} = a$$

라 할 수 있다. 이제 (나)조건에서 $\triangle$BQR 를 살펴보면 주어진 쌍곡선과 두 선분 BP, BF 가 가 선분 AB 에 대하여 대칭이므로 $\triangle$BQR 는 $\overline{\text{BR}} = \overline{\text{BQ}}$ 인 이등변삼각형임을 알 수 있다. 이때 (가)조건에 의해 $\angle\text{FBP} = \dfrac{\pi}{3}$ 이므로 $\triangle$BQR 는 정삼각형이다.

따라서 $\overline{\text{BQ}} = b$ 라 하면 $\triangle$BQR 의 둘레의 길이는 $3b$ 이므로

$$|3a - 3b| = 3 \quad \rightarrow \quad |a - b| = 1 \quad \rightarrow \quad b = a \pm 1$$

이때 선분 BF 가 y 축과 만나는 점을 C 라 하면 그림에서 $\overline{\text{BQ}} = b < \overline{\text{BC}}$ 임을 알 수 있다. 이때 점 C 는 선분 BF 의 중점이므로

$$\overline{\text{BC}} = \frac{1}{2}\overline{\text{BF}} = \frac{1}{2} \times 2a = a \quad \rightarrow \quad b < a$$

즉, $b = a - 1$ 이다. 이제 앞서 구한 정보를 활용하여 a 의 값을 구하자. $\triangle$AQF 에서

$$\overline{\text{QF}} = \overline{\text{BF}} - \overline{\text{BQ}} = 2a - b = a + 1$$
$$\overline{\text{AQ}} - \overline{\text{BQ}} = a \quad \rightarrow \quad \overline{\text{AQ}} = \overline{\text{BQ}} + a = 2a - 1$$

이고 $\angle\text{AFQ} = \dfrac{\pi}{3}$ 이므로 코사인법칙에 의해

$$\overline{\text{AQ}}^2 = \overline{\text{AF}}^2 + \overline{\text{QF}}^2 - 2 \cdot \overline{\text{AF}} \cdot \overline{\text{QF}} \cos(\angle\text{AFQ})$$

$$\rightarrow \quad (2a-1)^2 = a^2 + (a+1)^2 - 2a(a+1)\cos\frac{\pi}{3}$$

$$\rightarrow \quad 3a^2 - 5a = 0$$

$$\rightarrow \quad a = \frac{5}{3} \ (\because \ a > 0)$$

$$\therefore \quad 60 \times \overline{\text{AF}} = 60 \times a = 100$$

정답 **100**   **A**

A·66

정답률 30% |2021.3·기하 30번|

Pattern   4   Thema   6

교과서적 해법

타원 위의 점 P 에 대해 타원의 두 초점을 연결한 그림을 그리자.

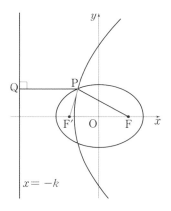

포물선의 정의에 의해 $\overline{\text{FP}} = \overline{\text{PQ}}$ 이므로 (나)조건에서

$$\overline{\text{FP}} - \overline{\text{F}'\text{Q}} = \overline{\text{PQ}} - \overline{\text{FF}'} \quad \rightarrow \quad \overline{\text{F}'\text{Q}} = \overline{\text{FF}'}$$

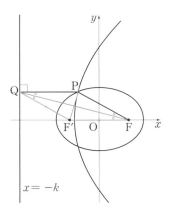

$\triangle$FF'Q 는 이등변삼각형이므로 $\angle\text{F}'\text{FQ} = \angle\text{F}'\text{QF}$ 이다. 이때 (선분 PQ) // (선분 FF')이므로 $\angle\text{F}'\text{FQ} = \angle\text{PQF}$ $(\because$ 엇각)이고 $\triangle$PFQ 는 이등변삼각형이므로 $\angle\text{PQF} = \angle\text{PFQ}$ 이다.

이를 통해 □FPQF′은 이웃하는 두 변의 길이가 같은 평행사변형이므로 마름모임을 알 수 있다.[1] 따라서 $\overline{\mathrm{PF}} = \overline{\mathrm{FF}'} = 2c$이고 타원의 정의에 의해 $\overline{\mathrm{PF}'} = 12 - 2c$이므로 $\triangle\mathrm{PFF}'$에서 코사인법칙을 활용하면

$$\overline{\mathrm{PF}'}^2 = \overline{\mathrm{PF}}^2 + \overline{\mathrm{FF}'}^2 - 2\overline{\mathrm{PF}}\cdot\overline{\mathrm{FF}'}\cdot\cos(\angle\mathrm{F}'\mathrm{FP})$$

$$\Leftrightarrow \quad (12-2c)^2 = (2c)^2 + (2c)^2 - 2\cdot(2c)\cdot(2c)\cdot\frac{7}{8}$$

$$\Leftrightarrow \quad c^2 - 16c + 48 = 0$$

$$\Leftrightarrow \quad (c-4)(c-12) = 0$$

이때 타원의 장축의 길이가 12이므로 $c < 6$이어야 한다. 따라서 $c = 4$이다. 이제 k를 구해보자. 직선 $x = -k$와 x축이 만나는 점을 Q′이라 하면

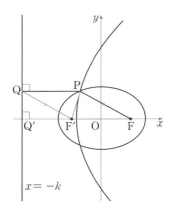

(선분 PF) // (선분 F′Q)이므로 $\triangle\mathrm{F}'\mathrm{Q}'\mathrm{Q}$에서

$$\cos(\angle\mathrm{Q}'\mathrm{F}'\mathrm{Q}) = \cos(\angle\mathrm{F}'\mathrm{FP}) = \frac{7}{8}$$

$$\rightarrow \quad \overline{\mathrm{F}'\mathrm{Q}'} = 7$$

$$\rightarrow \quad \overline{\mathrm{OQ}'} = 11 = k$$

$$\therefore \quad c + k = 4 + 11 = 15$$

✅ CHECK 각주   해설 본문의 각주

1) 사각형의 관계$^{\text{Thema 18p}}$를 참고하자.

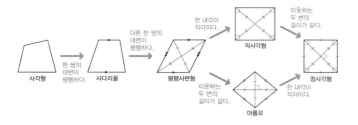

1. 이차곡선

B·01

해설 Thema ④ 학습 | 2020.사관·가 13번 |
Pattern ⑤   Thema ④

교과서적 해법

먼저 그림을 그려 도형들의 위치 관계를 파악하자.

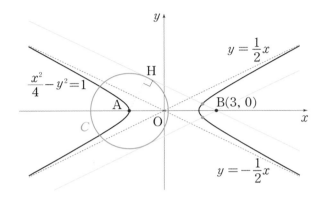

쌍곡선의 점근선의 방정식은 $y = \pm \dfrac{1}{2}x$ 이다. 따라서 원 C에 접하는 두 직선이 쌍곡선과 각각 교점이 하나뿐이려면 쌍곡선에서의 점근선[Thema 13p]에 의해 두 접선이 각각 점근선과 평행해야 함을 알 수 있다.[1] 이때 원 C의 중심 A 에서 한 접선에 내린 수선의 발을 H 라 하면

$$\overline{BH} : \overline{AH} = 2 : 1$$

원 C의 반지름의 길이를 r 라 하면 △AHB 에서 피타고라스의 정리에 의해

$$r^2 + (2r)^2 = 5^2 \quad \rightarrow \quad r = \sqrt{5}$$

✅ CHECK 각주   해설 본문의 각주

1) 쌍곡선은 점근선에 한없이 가까워지므로 점근선에 평행한 직선과는 만나지 않을 것임을 쉽게 알 수 있다.

정답 ②

B·02

해설 Thema ⑤ 학습 | 2019.10·가 25번 |
정답률 69%
Pattern ⑤   Thema ⑤

실전적 해법

타원 $\dfrac{x^2}{12} + \dfrac{y^2}{16} = 1$ 의 그림을 그려보면

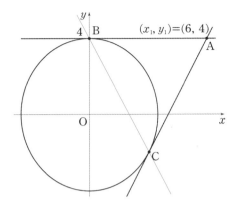

이때, 이차곡선의 접선과 극선[Thema 15p]을 이용하면 직선 BC 의 방정식을 쉽게 구할 수 있다.

$\dfrac{x_1 x}{12} + \dfrac{y_1 y}{16} = 1$ 에 곡선 밖의 점 $(x_1, y_1) = (6, 4)$ 를 대입

$$\rightarrow \quad \dfrac{6 \cdot x}{12} + \dfrac{4 \cdot y}{16} = 1 \quad \Leftrightarrow \quad y = -2x + 4$$

이제 타원과 직선 BC 의 방정식을 연립하면

$$\dfrac{x^2}{12} + \dfrac{(-2x+4)^2}{16} = 1 \quad \rightarrow \quad x^2 + 3(x-2)^2 = 12$$

$$\rightarrow \quad x = 0 \text{ or } x = 3$$

따라서 직선 $y = -2x + 4$ 위의 점 B, 점 C 의 좌표는 각각 $(0, 4)$, $(3, -2)$ 이다. 이제 △ABC 의 넓이를 구하자. 직선 AB 가 x축과 평행하므로 삼각형의 높이는 점 A 와 점 C 의 y좌표의 차와 같다.

$$\therefore \ (\triangle ABC \text{ 의 넓이}) = \dfrac{1}{2} \cdot \overline{AB} \cdot \{4 - (-2)\} = 18$$

정답 18

B·03

정답률 54%   Pattern   5   Thema |2018.10·가 10번|

교과서적 해법

두 쌍곡선의 점근선의 방정식을 생각해 보자.

$$x^2 - y^2 = 1 \; : \; y = \pm x, \quad \frac{x^2}{4} - \frac{y^2}{64} = -1 \; : \; y = \pm 4x$$

이때 두 쌍곡선 중 어느 것과도 만나지 않으려면 직선 $y = mx$ 는 다음 색칠된 범위 내에 위치해야 한다.

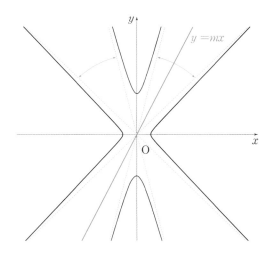

따라서 직선의 기울기 m 의 가능한 값의 범위는

$$1 \le |m| \le 4$$

$$\therefore \text{(정수 } m \text{의 개수)} = 8$$

정답 ④

B·04

정답률 85%   해설 Thema 3 학습   Pattern   5   Thema   3 |2018.7·가 12번|

실전적 해법

[실전 개념]-포물선과 마름모$^{\text{Thema 10p}}$를 활용하자.

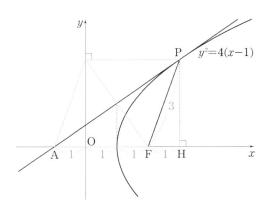

그림과 같이 포물선 위의 점 P 에서의 접선이 x 축과 만나는 점을 A, 점 P 에서 x 축에 내린 수선의 발을 H 라 하면 $\triangle$PFH 에서 피타고라스의 정리에 의해

$$\overline{\text{PH}} = \sqrt{3^2 - 1^2} = 2\sqrt{2}$$

$$\therefore \text{(점 P 에서의 접선의 기울기)} = \frac{\overline{\text{PH}}}{\overline{\text{AH}}} = \frac{\sqrt{2}}{2}$$

교과서적 해법

포물선 $y^2 = 4 \cdot (x-1)$ 에서 초점이 F$(2, 0)$, y 축이 준선임을 알 수 있다.

포물선의 정의에 의해 점 P 에서 준선까지의 거리는 $\overline{\text{PF}}$ 인데 이 값이 3 이므로

$$\text{(점 P 의 } x \text{좌표)} = 0 + 3 = 3$$

점 P 의 y 좌표를 k 라 하면 포물선 $y^2 = 4 \cdot (x-1)$ 위의 점 P 에 대하여

$$k^2 = 4(3-1) \quad \rightarrow \quad k = 2\sqrt{2}$$

이제 곡선 $y^2 = 4 \cdot (x-1)$ 위의 점 P$\left(3, \, 2\sqrt{2}\right)$ 에 대하여 접선의 방정식은

$$\left(2\sqrt{2}\right)y = 4 \cdot \left(\frac{x+3}{2} - 1\right) \iff y = \frac{1}{\sqrt{2}}x + \frac{1}{\sqrt{2}}$$

$$\therefore \text{(점 P 에서의 접선의 기울기)} = \frac{\sqrt{2}}{2}$$

정답 ③

B·05

해설   실전 개념 | 2024.사관·기하 27번 |
Pattern   ⑤   Thema

실전적 해법

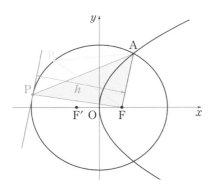

선분 AF 를 밑변으로 봤을 때 삼각형 AFP 의 높이를 h 라 하면 구하는 넓이는 $\frac{1}{2}\overline{\mathrm{AF}} \cdot h$ 이다. 이때 직선 AF 의 기울기를 m 이라 하면 $\triangle\mathrm{AFP}$ 의 넓이는 그림과 같이 점 P 가 기울기가 m 인 타원의 접선과의 접점일 때 최대이다.$^{\bigstar)}$

두 점 $\mathrm{F}(2,\, 0)$, $\mathrm{F}'(-2,\, 0)$ 을 초점으로 하고 장축의 길이가 12 인 타원의 방정식은

$$\frac{x^2}{6^2} + \frac{y^2}{6^2 - 2^2} = 1 \iff \frac{x^2}{36} + \frac{y^2}{32} = 1 \cdots Ⓐ$$

이고 점 F 를 초점으로 하고 직선 $x = -2$ 를 준선으로 하는 포물선의 방정식은

$$y^2 = 4 \cdot 2x \iff y^2 = 8x \cdots Ⓑ$$

이므로 Ⓑ를 Ⓐ에 대입하면

$$\frac{x^2}{36} + \frac{8x}{32} = 1 \iff x^2 + 9x - 36 = 0$$
$$\iff (x-3)(x+12) = 0$$
$$\to x = 3 \ \left(\because x = \frac{y^2}{8} > 0\right) \cdots Ⓒ$$

Ⓒ에서 구한 x 를 다시 Ⓑ에 대입하면

$$y^2 = 8 \cdot 3 \to y = 2\sqrt{6} \ (\because \text{점 A는 제 1 사분면 위의 점})$$

이므로 $m = 2\sqrt{6}$ 이다. 타원 $\frac{x^2}{36} + \frac{y^2}{32} = 1$ 에서 기울기 공식을 이용하면 접선의 방정식은

$$y = 2\sqrt{6} \cdot x + \sqrt{36 \cdot (2\sqrt{6})^2 + 32} \ \cdots ^{1)}$$
$$\to \ 2\sqrt{6}\, x - y + 8\sqrt{14} = 0$$

임을 알 수 있다. 따라서 h 는 직선 AF 위의 점 $\mathrm{F}(2,\, 0)$ 과 직선 $2\sqrt{6}\, x - y + 8\sqrt{14} = 0$ 사이의 거리이므로

$$h = \frac{|4\sqrt{6} - 0 + 8\sqrt{14}|}{\sqrt{(2\sqrt{6})^2 + 1^2}} = \frac{4\sqrt{6}}{5} + \frac{8\sqrt{14}}{5}$$

이때 $\overline{\mathrm{AF}} = 5$ 이므로

$$\frac{1}{2}\overline{\mathrm{AF}} \cdot h = \frac{1}{2} \cdot 5 \cdot \left(\frac{4\sqrt{6}}{5} + \frac{8\sqrt{14}}{5}\right) = 2\sqrt{6} + 4\sqrt{14}$$

$$\therefore \ (\triangle\mathrm{APF} \text{ 의 넓이의 최댓값}) = 2\sqrt{6} + 4\sqrt{14}$$

논리적 정당화

$\bigstar$ 에서 [실전 개념]-직선과 곡선 사이의 거리의 극대·극소$^{\text{수2 Thema}}$ $^{58\mathrm{p}}$ 가 이용되었다.

✏️ **직선과 곡선 사이의 거리의 극대·극소**   ● 실전 개념

곡선 $y = f(x)$ 위의 임의의 점 P 에서 직선 $y = g(x)$ 까지의 거리 중 극댓값과 극솟값은 직선 $y = g(x)$ 의 기울기와 미분계수가 같은 점에서 생긴다.

곡선 위의 점에서 직선까지 거리의 극솟값

곡선 위의 점에서 직선까지 거리의 극댓값

왼쪽 그림이 극솟값, 오른쪽 그림이 극댓값을 갖는 상황이다.

✅ CHECK 각주   해설 본문의 각주

1) 기울기가 m 인 타원의 두 접선 중 y 절편이 양수인 직선을 l_1, y 절편이 음수인 직선을 l_2 라 하자. 이때 선분 AF 는 y 축을 기준으로 오른쪽에 있으므로 점 F 에서 직선 l_1 사이의 거리가 점 F 에서 직선 l_2 사이의 거리보다 큰 것을 쉽게 알 수 있다.

정답 ③

B·06

정답률 72%   Pattern   5   Thema

|2023.10·기하 28번|

교과서적 해법

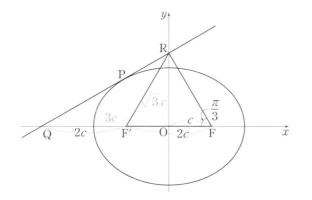

△RF′F가 정삼각형인데 점 O가 선분 FF′의 중점이므로, 한 변의 길이는 $2c$이고

$$\overline{OR} = \frac{\sqrt{3}}{2} \times 2c = \sqrt{3}\,c$$

또한 점 F′이 선분 QF의 중점이므로

$$\overline{QF'} = \overline{F'F} = 2c$$
$$\rightarrow \quad \overline{QO} = \overline{QF'} + \overline{F'O} = 2c + c = 3c$$

즉, 타원 위의 점 P에서의 접선의 기울기가 $\dfrac{\overline{OR}}{\overline{QO}} = \dfrac{\sqrt{3}}{3}$이므로 타원에서 기울기 공식을 활용하면

$$y = mx \pm \sqrt{a^2m^2 + b^2}$$
$$\rightarrow \quad y = \frac{\sqrt{3}}{3}x + \sqrt{\frac{a^2}{3} + 18} \quad (\because y \text{ 절편이 양수})$$
$$\rightarrow \quad (y \text{ 절편}) = \overline{OR} = \sqrt{\frac{a^2}{3} + 18} = \sqrt{3}\,c$$
$$\Downarrow$$
$$\frac{a^2}{3} + 18 = 3c^2 \quad \rightarrow \quad \frac{18 + c^2}{3} + 18 = 3c^2 \quad (\because a^2 = 18 + c^2)$$

$$\therefore c^2 = 9$$

정답 ③

B·07

정답률 58%   Pattern   5   Thema   3

|2021.4·기하 28번|

실전적 해법

포물선의 초점거리 $\overline{PF} = \dfrac{25}{4}$가 문제에 주어져 있으므로 포물선의 정의인 (초점거리=준선거리)를 그림에서 확인할 수 있도록 그래프를 그리면 다음과 같다.

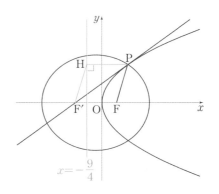

포물선의 정의에 의해 $\overline{PH} = \overline{PF} = \dfrac{25}{4}$이므로 점 P의 x좌표는 4이다. 따라서 [실전 개념]-포물선과 마름모$^{\text{Thema 10p}}$를 생각하면 점 F′의 x좌표는 -4이다.

두 점 P, F′의 좌표가 각각 P(4, 6), F′(−4, 0)이므로 $\overline{PF'} = 10$이고

$$(\text{타원의 장축의 길이}) = \overline{PF} + \overline{PF'} = \frac{65}{4}$$

따라서 타원의 단축의 길이를 $2b$라 하면

$$\therefore b^2 = \left(\frac{65}{8}\right)^2 - \left(\frac{25}{8}\right)^2 = \frac{225}{4} \quad \rightarrow \quad 2b = 15$$

교과서적 해법

이번엔 점 F′의 좌표를 교과서 개념으로 구해보자. 포물선의 정의를 통해 곡선 위의 점 P(4, 6)을 구했으므로 포물선의 접점 공식 $y_1 y = 2p(x + x_1)$을 이용하자.

$$6y = \frac{9}{2}(x + 4) \quad \rightarrow \quad 3x - 4y + 12 = 0$$
$$\rightarrow \quad (\text{접선의 } x \text{ 절편}) = -4$$

이후 풀이는 [실전적 해법]과 같다.

정답 ⑤

B·08

실전적 해법

[실전 개념]-포물선과 마름모$^{\text{Thema 10p}}$를 활용하여 닮음을 찾아보자.
포물선 위의 점 B 에서 접선의 기울기를 k 라 하고 접선과 y 축의
교점을 M, x 축의 교점을 D 라 하자.

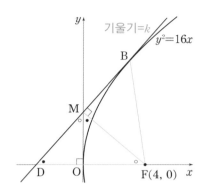

△DFM에서 직각삼각형의 닮음 성질에 의해

$$\overline{DO} : \overline{MO} : \overline{OF} = 1 : k : k^2$$

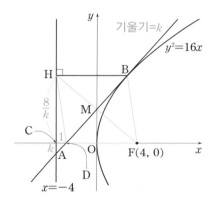

$$\overline{MO} : \overline{OF} = 1 : k \quad \rightarrow \quad \overline{MO} = \frac{4}{k}, \quad \overline{CH} = \frac{8}{k}$$

이때 $\overline{AC} \times \overline{CH} = 8$ 이므로

$$\overline{AC} = k \quad \rightarrow \quad \overline{CD} = 1 \ (\because (\text{직선 AD 의 기울기}) = k)$$

따라서 ◇HDFB 에 대하여 마름모의 한 변의 길이는

$$\overline{CF} - \overline{CD} = 8 - 1 = 7$$
$$\rightarrow \quad \overline{HA} = \overline{HB} = \overline{BF} = \overline{DF} = 7$$

이제 △HCD 에서 피타고라스의 정리를 사용하면

$$\overline{CH} = \sqrt{7^2 - 1^2} = 4\sqrt{3}$$
$$\rightarrow \quad \overline{AC} = \frac{2}{3}\sqrt{3} \ (\because \ \overline{AC} \times \overline{CH} = 8)$$

$$\therefore (\triangle ABH \text{의 넓이}) = \frac{1}{2} \cdot \left(\frac{2}{3}\sqrt{3} + 4\sqrt{3} \right) \cdot 7 = \frac{49}{3}\sqrt{3}$$

정답 ⑤

B·09

실전적 해법 1

포물선 $y^2 = 4 \cdot 3x$ 에서 초점이 $F(3, 0)$, 준선의 방정식이
$x = -3$ 임을 알 수 있다.

점 A 에서 준선과 x 축에 내린 수선의 발을 각각 H, H$'$ 이라 하
자. 포물선의 정의에 의해 $\overline{AF} = \overline{AH}$ 이므로

$$\overline{AB} = 2\overline{AF} = 2\overline{AH}$$

따라서 △BAH 에서 $\cos \angle BAH = \frac{1}{2}$ 이므로 $\angle BAH = \frac{\pi}{3}$ 이다.

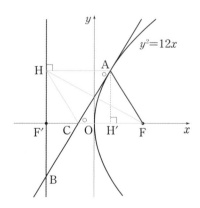

[실전 개념]-포물선과 마름모$^{\text{Thema 10p}}$에 의해 $\overline{FC} = \overline{FA}$ 이고 x 축
과 평행인 선분 AH 에 대하여 엇각의 성질에 의해
$\angle ACH' = \angle BAH = \frac{\pi}{3}$ 이므로 △ACF 는 정삼각형이다. 따라서
$\angle AFH' = \frac{\pi}{3}$ 이므로

$$\overline{FH'} = \overline{AF} \cdot \cos \frac{\pi}{3} = \frac{1}{2}\overline{AF}$$
$$\rightarrow \quad \overline{F'F} = \overline{AH} + \overline{FH'} = \overline{AF} + \frac{1}{2}\overline{AF} = 6$$
$$\rightarrow \quad \overline{AF} = 4$$

$$\therefore \overline{AB} \times \overline{AF} = 2\overline{AF} \times \overline{AF} = 8 \cdot 4 = 32$$

실전적 해법 2

[실전적 해법 1]의 그림에서 닮음을 통해 길이를 구해 보자. 포물선 위의 점 A에서 접선의 기울기가 $\tan\frac{\pi}{3} = \sqrt{3}$ 이므로

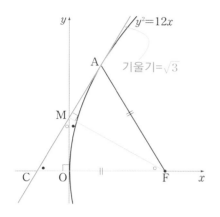

접선과 y축의 교점을 M이라 하면 △CFM 에서 직각삼각형의 닮음 성질에 의해

$$\overline{CO} : \overline{MO} : \overline{OF} = 1 : \sqrt{3} : (\sqrt{3})^2$$

이다. 이때 $\overline{OF} = 3$ 이므로

$$\overline{CO} = 1 \quad \rightarrow \quad \overline{AF} = \overline{CF} = \overline{CO} + \overline{OF} = 4$$

$$\therefore \quad \overline{AB} \times \overline{AF} = 2\overline{AF} \times \overline{AF} = 8 \cdot 4 = 32$$

정답   32

B·10 | 2017.4·가 19번 |

정답률 84%

교과서적 해법

쌍곡선에서 직사각형과 원을 생각하면

$$\left|\frac{b}{a}\right| = \frac{\sqrt{3}}{3}, \quad a^2 + b^2 = (4\sqrt{3})^2$$

$a^2 = 3b^2$ 이므로

$$3b^2 + b^2 = 4b^2 = 48 \quad \rightarrow \quad b^2 = 12, \ a^2 = 36$$

쌍곡선 $\frac{x^2}{36} - \frac{y^2}{12} = 1$ 위의 점 $P(4\sqrt{3},\ k)$ 에 대하여

$$\frac{(4\sqrt{3})^2}{36} - \frac{k^2}{12} = 1 \quad \rightarrow \quad k = 2 \ (\because \ k > 0)$$

이제 쌍곡선 위의 점 $P(4\sqrt{3},\ 2)$ 에서의 접선을 접점 공식을 활용하여 구하면

$$\frac{(4\sqrt{3})x}{36} - \frac{2y}{12} = 1 \quad \Leftrightarrow \quad y = \frac{2\sqrt{3}}{3}x - 6$$

$$\therefore \ (\text{점 P에서의 접선의 기울기}) = \frac{2\sqrt{3}}{3}$$

정답   ①

B·11 | 2014.7·B 20번 |

정답률 74%   Pattern   5   Thema

교과서적 해법

$F(c,\ 0)$ 이라 하고 타원에서 직각삼각형을 사용하자.

$$c = \sqrt{4 - 3} = 1$$

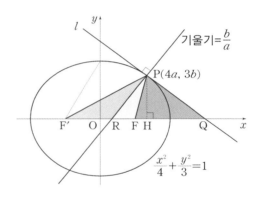

타원 $\frac{x^2}{4} + \frac{y^2}{3} = 1$ 위의 점 $P(4a,\ 3b)$ 에서의 접선을 접점 공식을 활용하여 구하면

$$\frac{4ax}{4} + \frac{3by}{3} = 1 \quad \Leftrightarrow \quad y = -\frac{a}{b}x + \frac{1}{b}$$

이다. 이때 점 P에서 x축에 내린 수선의 발을 H라 하면

$$\overline{RH} = \overline{PH} \cdot \frac{a}{b} = 3a \quad \rightarrow \quad R(a,\ 0)$$

이제 발문의 등차수열 조건을 해석해 보자. 높이가 같은 세 삼각형 PRF, PF'R, PFQ의 넓이가 등차수열을 이루므로 세 삼각형의 밑변의 길이 $\overline{RF}$, $\overline{F'R}$, $\overline{FQ}$ 도 등차수열을 이룬다. 따라서 등차중항의 성질에 의해

$$2\overline{F'R} = \overline{RF}+\overline{FQ} = \overline{RQ} \rightarrow 2(a+1)=\frac{1}{a}-a$$

$$\rightarrow 3a^2+2a-1=0$$

$$\rightarrow a=\frac{1}{3} \ (\because \ a>0)$$

$$\therefore \ (점 \ P 의 \ x 좌표) = 4a = \frac{4}{3}$$

정답   ④

B·12

정답률 58% | 2011.7·가 25번 |

Pattern   05   Thema   3

실전적 해법

포물선 $y^2=4 \cdot px$ 에서 초점이 $F(p, 0)$, 준선의 방정식 $x=-p$ 임을 알 수 있다.

[실전 개념]-포물선과 마름모$^{Thema\ 10p}$를 활용하여 그림을 그리고 점 A 에서 x 축에 내린 수선의 발을 H' 이라 하자.

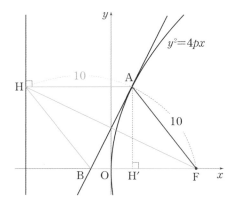

$\overline{FA}=\overline{FB}=10$ 이고 $\triangle ABF$ 의 넓이가 40 이므로

$$\frac{1}{2} \cdot \overline{BF} \cdot \overline{AH'} = 5\overline{AH'} = 40 \rightarrow \overline{AH'}=8$$

이제 $\triangle AH'F$ 에서 피타고라스의 정리에 의해

$$\overline{FH'} = \sqrt{\overline{AF}^2-\overline{AH'}^2} = \sqrt{10^2-8^2} = 6$$

따라서 $\overline{BO}=\overline{OH'}$ 이므로

$$\overline{OH'} = \frac{\overline{FB}-\overline{FH'}}{2} = 2$$

$$\therefore \ a = \overline{OH'} = 2, \ b = \overline{AH'} = 8 \rightarrow ab=16$$

정답   16

B·13

정답률 20% | 2023.4·기하 29번 |

Pattern   05   Thema

교과서적 해법

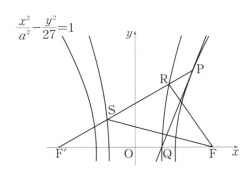

$$\frac{x^2}{a^2}-\frac{y^2}{27}=1$$

쌍곡선 위의 점 $P\left(\frac{9}{2}, k\right)$ 에서의 접선이 x 축과 만나는 점이 Q 이므로 쌍곡선의 접점 공식 $\frac{x_1 x}{a^2}-\frac{y_1 y}{b^2}=1$ 을 떠올려야 한다. 접점 공식에 점 P 를 대입하면

$$\frac{9x}{2a^2}-\frac{ky}{27}=1 \rightarrow \frac{9x}{2a^2}=1 \ (y=0 \ 대입) \rightarrow Q\left(\frac{2}{9}a^2, 0\right)$$

따라서 점 Q 를 꼭짓점으로 하는 쌍곡선의 주축의 길이는 $\frac{4}{9}a^2$ 이다. 이때 두 점 R, S 는 점 Q 를 꼭짓점으로 하는 쌍곡선 위의 점이므로 쌍곡선의 정의를 이용할 수 있다. 두 실수 p, q 에 대하여 $\overline{RF}=p$, $\overline{SF}=q$ 라 하면

$$\overline{RF'} = p+\frac{4}{9}a^2, \ \overline{SF'} = q-\frac{4}{9}a^2$$

$$\rightarrow \overline{RS} = \overline{RF'}-\overline{SF'} = p-q+\frac{8}{9}a^2$$

$$\Downarrow$$

$$\overline{RS}+\overline{SF} = \overline{RF}+8 \rightarrow \left(p-q+\frac{8}{9}a^2\right)+q=p+8$$

$$\rightarrow \frac{8}{9}a^2=8 \rightarrow a^2=9$$

이때 점 $P\left(\frac{9}{2}, k\right)$ 가 쌍곡선 $\frac{x^2}{a^2}-\frac{y^2}{27}=1$ 위의 점이므로

$$\frac{\left(\frac{9}{2}\right)^2}{9}-\frac{k^2}{27}=1 \rightarrow \frac{9}{4}-\frac{k^2}{27}=1 \rightarrow k^2=\frac{135}{4}$$

$$\therefore \ 4\times\left(a^2+k^2\right) = 4\times\left(3^2+\frac{135}{4}\right) = 171$$

정답   171

B·14

정답률 25%   Pattern   5   Thema

교과서적 해법

포물선의 초점거리 $\overline{PF_1}$ 에 대한 조건이 주어졌으므로 포물선의 정의인 (초점거리=준선거리)를 그림에서 확인할 수 있도록 그래프를 그려야 한다.

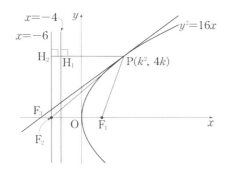

점 P에서 준선 $x = -4$ 에 내린 수선의 발을 H_1, 직선 $x = -6$ 에 내린 수선의 발을 H_2 라 하자. $k > 0$ 인 실수 k 에 대하여 $P(k^2, 4k)$ 라 하면

$$\overline{PH_1} = \overline{PF_1} = k^2 + 4, \quad \overline{PH_2} = k^2 + 6$$

이고 $\overline{PF_2} - \overline{PF_1} = 6$ 이므로 $\overline{PF_2} = k^2 + 10$ 이다. 따라서 $\triangle PF_2H_2$ 에서 피타고라스의 정리에 의해

$$\overline{PF_2}^2 = \overline{PH_2}^2 + \overline{F_2H_2}^2 \iff (k^2 + 10)^2 = (k^2 + 6)^2 + (4k)^2$$
$$\iff k^2 = 8$$
$$\to \quad k = 2\sqrt{2} \ (\because k > 0)$$

포물선 위의 점 $P(8, 8\sqrt{2})$ 에서의 접선은 접점 공식에 의해

$$8\sqrt{2} \cdot y = 8(x + 8) \iff y = \frac{\sqrt{2}}{2}x + 4\sqrt{2}$$

이고 이 접선이 x 축과 만나는 점이 F_3 이므로 $F_3(-8, 0)$ 이다. 두 점 F_1, F_3 을 초점으로 하는 타원의 한 꼭짓점이 선분 PF_3 을 지나야 하므로 타원은 다음 그림과 같이 그려진다.

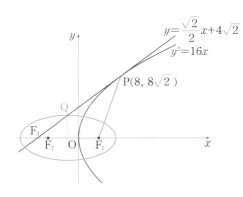

따라서 타원의 꼭짓점 Q의 x 좌표는 $\dfrac{4 + (-8)}{2} = -2$ 이다. 이때 점 Q가 직선 $y = \dfrac{\sqrt{2}}{2}x + 4\sqrt{2}$ 위의 점이므로

$$y = \frac{\sqrt{2}}{2}(-2) + 4\sqrt{2} = 3\sqrt{2} \quad \to \quad Q(-2, 3\sqrt{2})$$

따라서 타원의 정의에 의해

$$\overline{QF_1} + \overline{QF_3} = 3\sqrt{6} + 3\sqrt{6} = 2a$$

$$\therefore a^2 = 54$$

정답   54

B·15

정답률 18%   Pattern   5   Thema

교과서적 해법

직선 QR는 직선 $x = -p$ 에 수직이므로 x 축과 평행하다. 이때 $\angle PRQ = \dfrac{\pi}{2}$ 이므로 직선 PR는 x 축에 수직이다. 따라서 두 양수 a, b 에 대하여 점 P의 좌표를 (a, b) 라 하면 $R(a, -b)$ 이고 직선 QR는 x 축과 평행하므로 $Q(-p, -b)$ 이다.

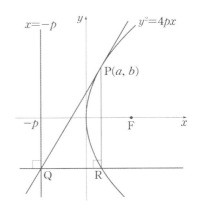

포물선 $y^2 = 4px$ 위의 점 $P(a, b)$에서의 접선이 점 $Q(-p, -b)$를 지나야 하므로

포물선의 접점 공식 $\cdots$ ①
포물선의 방정식에 대입 $\cdots$ ②

을 이용하자. ①로 구한 접선의 방정식은 $by = 2p(x+a)$ 이고, 이 접선이 점 $Q(-p, -b)$를 지나므로

①: $-b^2 = 2p(a-p)$
②: $b^2 = 4ap$
$\rightarrow \quad a = \dfrac{1}{3}p, \ b = \dfrac{2\sqrt{3}}{3}p \ (\because \ b > 0)$

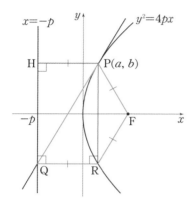

이제 $\square PQRF$ 의 둘레의 길이를 구해보자. $\triangle PQR$ 에서 피타고라스의 정리에 의해

$$\overline{PQ}^2 = 4b^2 + (a+p)^2 = \frac{16p^2}{3} + \frac{16p^2}{9} = \frac{64p^2}{9}$$
$$\rightarrow \quad \overline{PQ} = \frac{8p}{3}$$

이때 점 P 에서 준선에 내린 수선의 발을 H 라 하면 점 R 에서 준선에 내린 수선의 발은 Q 이므로 포물선의 정의에 의해

$$\overline{PF} = \overline{PH} = a+p, \quad \overline{RF} = \overline{RQ} = a+p$$
$$\rightarrow \ (\square PQRF \text{ 의 둘레의 길이}) = \overline{PQ} + 3(a+p) = \frac{20p}{3}$$

$\therefore \ \dfrac{20p}{3} = 140 \quad \rightarrow \quad p = 21$

정답 ▷ 21

B·16
CHALLENGE   정답률 17%   Pattern ⑤   Thema

|2022.4·기하 30번|

교과서적 | 해법

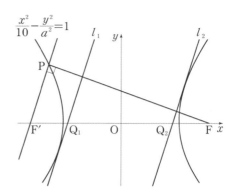

쌍곡선 위의 점 P 에 대하여 두 초점과 연결한 선분이 이미 그려져 있으므로 추가적인 작도는 필요하지 않다. $\triangle F'FP$ 의 넓이가 15 이므로 $\overline{PF} = k \, (k > 0)$ 라 하면 $\overline{PF'} = \dfrac{30}{k}$ 이고 쌍곡선의 주축의 길이가 $2\sqrt{10}$ 이므로 쌍곡선의 정의에 의해

$$\overline{PF} - \overline{PF'} = k - \frac{30}{k} = 2\sqrt{10}$$
$$\Leftrightarrow \ k^2 - 2\sqrt{10}\,k - 30 = 0 \ \Leftrightarrow \ (k - 3\sqrt{10})(k + \sqrt{10}) = 0$$
$$\rightarrow \ k = 3\sqrt{10} \ (\because \ k > 0)$$

따라서 $\overline{PF} = 3\sqrt{10}$, $\overline{PF'} = \sqrt{10}$ 이므로 $\triangle F'FP$ 에서 피타고라스의 정리에 의해 $\overline{FF'} = 10$ 이다. 즉, 쌍곡선 $\dfrac{x^2}{10} - \dfrac{y^2}{a^2} = 1$ 에서

$$10 + a^2 = 5^2 \quad \rightarrow \quad a = \sqrt{15} \ (\because \ a > 0)$$

이때 $\tan(\angle PF'F) = \dfrac{\overline{PF}}{\overline{PF'}} = 3$ 이므로 직선 PF' 의 기울기는 3 이다. 따라서 두 접선 l_1, l_2 의 기울기가 3 이므로 쌍곡선의 기울기 공식을 활용할 수 있다.

$$y = 3x \pm \sqrt{10 \cdot 3^2 - a^2} \quad \rightarrow \quad y = 3x \pm 5\sqrt{3}$$
$$\rightarrow \quad y = 3\left(x \pm \frac{5\sqrt{3}}{3}\right)$$
$$\rightarrow \quad Q_1\left(\frac{-5\sqrt{3}}{3}, 0\right), \ Q_2\left(\frac{5\sqrt{3}}{3}, 0\right)$$

$\therefore \ \overline{Q_1 Q_2} = \dfrac{10}{3}\sqrt{3} \quad \rightarrow \quad p + q = 13$

정답 ▷ 13

B·17

정답률 54% | 2016.4·가 21번 |

Pattern   5   Thema

교과서적 해법

k를 점점 증가시키며 함수 $g(k)$의 값의 변화를 관찰해 보자.

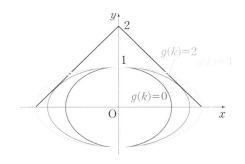

그림과 같이 관찰해 보면, 타원이 함수 $y=f(x)$의 그래프에 접할 때, 즉 타원의 접선의 방정식이 $y=\pm x+2$일 때(ⅰ), 그리고 타원의 한 꼭짓점이 $(2,0)$일 때(ⅱ) 함수 $g(k)$가 불연속임을 알 수 있다.

ⅰ) 타원 $\dfrac{x^2}{k^2}+y^2=1$에서 기울기 공식을 이용하면 제1사분면에서 기울기가 ±1인 접선의 방정식은

$$y=\pm x+\sqrt{k^2\cdot(\pm1)^2+1}=\pm x+\sqrt{k^2+1}$$

이 직선의 y절편이 2여야 하므로

$$\sqrt{k^2+1}=2 \quad\rightarrow\quad k=\sqrt{3}$$

ⅱ) x축의 양의 방향에 있는 타원의 꼭짓점은 $(k,0)$이므로

$$k=2$$

따라서 함수 $g(k)$가 불연속이 되는 모든 k의 값은 $\sqrt{3}$, 2이다.[1]

$\therefore$ (모든 k의 값들의 제곱의 합) $=\left(\sqrt{3}\right)^2+2^2=7$

✅ CHECK 각주

해설 본문의 각주

1) 실제로 함수 $g(k)$의 값을 범위에 따라 정리하면 다음과 같다.

$$g(k)=\begin{cases}0 & (1<k<\sqrt{3})\\2 & (k=\sqrt{3})\\4 & (\sqrt{3}<k\le2)\\2 & (2<k)\end{cases}$$

정답 ⑤

2장 평면벡터

2. 평면벡터

C·01

정답률 81%

Pattern 6   Thema

| 2016.7·가 13번 |

교과서적 해법

두 점 P, Q를 지나는 직선의 방향벡터가 주어져 있으므로, $\overrightarrow{QP}$ 를 먼저 구해보자.

$$f(1) = \frac{1}{2}, \ f\left(-\frac{1}{2}\right) = -4 \ \rightarrow \ \overrightarrow{QP} = \left(\frac{3}{2}, \frac{9}{2}\right)$$

이때, $\vec{u}$ 는 $\overrightarrow{QP}$ 의 방향벡터이므로 상수 k 에 대하여

$$\vec{u} = (k, \ 3k)$$

라 할 수 있다. $\vec{u}$ 의 크기가 $\sqrt{10}$ 이므로

$$|\vec{u}|^2 = k^2 + (3k)^2 = 10k^2 = 10$$
$$\rightarrow \ k^2 = 1$$
$$\rightarrow \ \vec{u} = (\pm 1, \ \pm 3)$$

$$\therefore \ |a - b| = |1 - 3| = 2$$

정답 ②

C·02

정답률 74%

Pattern 7   Thema

| 2023.10·기하 27번 |

교과서적 해법

(가)조건에서 두 벡터 $\overrightarrow{AD}$ 와 $\overrightarrow{BC}$ 가 서로 평행하다고 했으므로 □ABCD 는 (선분 AD) ∥ (선분 BC)인 사다리꼴임을 알 수 있다.

(나)조건의 $3\overrightarrow{AB} + 2\overrightarrow{AD}$ 를 분점으로 해석하자. 선분 BD 를 2 : 3 으로 내분하는 점을 E 라 하면

$$3\overrightarrow{AB} + 2\overrightarrow{AD} = 5\left(\frac{3\overrightarrow{AB} + 2\overrightarrow{AD}}{5}\right) = 5\overrightarrow{AE}$$

라 할 수 있으므로, (나)조건에서 어떤 실수 t 에 대하여

$$t\overrightarrow{AC} = 5\overrightarrow{AE} \ \Leftrightarrow \ \frac{t}{5}\overrightarrow{AC} = \overrightarrow{AE} \ \Leftrightarrow \ \overrightarrow{AC} \parallel \overrightarrow{AE}$$

이다. 즉, 세 점 A, C, E 가 한 직선 위에 있음을 알 수 있다. 그런데 점 E 가 선분 BD 위의 점이므로, 그림과 같이 두 선분 AC 와 BD 의 교점이면서 두 점 B, D 를 2 : 3으로 내분하는 점이 E 임을 알 수 있다.

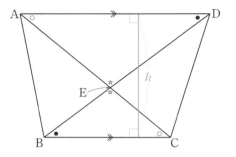

이제 □ABCD 의 넓이를 구하자. 높이를 h 라 하면

$$(\text{□ABCD 의 넓이}) = \frac{1}{2} \times (\overline{AD} + \overline{BC}) \times h \ \cdots \ Ⓐ$$

이고, 문제에서 △ABD 의 넓이가 12 라 했으므로

$$(\text{△ABD 의 넓이}) = \frac{1}{2} \times \overline{AD} \times h = 12$$
$$\rightarrow \ \overline{AD} \times h = 24 \ \cdots \ Ⓑ$$

이다. (선분 AD) ∥ (선분 BC)이고 $\overline{BE} : \overline{ED} = 2 : 3$ 이므로 그림에서 △EDA ∽ △EBC 이고 그 길이비는 3 : 2임을 알 수 있다. 즉,

$$\overline{AD} : \overline{BC} = 3 : 2 \ \Leftrightarrow \ \overline{BC} = \frac{2}{3}\overline{AD}$$

이므로 Ⓐ에 대입하여 계산할 수 있다.

$$\begin{aligned}
\therefore \ (\text{□ABCD 의 넓이}) &= \frac{1}{2} \times (\overline{AD} + \overline{BC}) \times h \\
&= \frac{1}{2} \times \left(\overline{AD} + \frac{2}{3}\overline{AD}\right) \times h \\
&= \frac{5}{6} \times \overline{AD} \times h \\
&= 20 \ (\because \ Ⓑ)
\end{aligned}$$

정답 ⑤

C·03

교과서적 해법

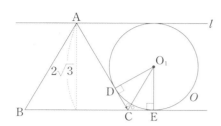

정삼각형 ABC 의 한 변의 길이가 4 이므로 높이는 $2\sqrt{3}$ 이고, 원 O 의 반지름의 길이는 $\sqrt{3}$ 이다. 이때 원 O 의 중심을 O_1, 원 O 와 두 직선 AC, BC 가 만나는 점을 각각 D, E 라 하면

$$\triangle O_1CD \equiv \triangle O_1CE, \quad \angle O_1CD = \angle O_1CE = \frac{\pi}{3}$$

$$\rightarrow \quad \overline{CD} = \overline{CE} = \frac{\sqrt{3}}{\tan \frac{\pi}{3}} = 1$$

이제 $|\overrightarrow{AC} + \overrightarrow{BP}|$ 의 최댓값과 최솟값을 구해보자. 점 P 는 원 O 위의 점이므로

$$\overrightarrow{AC} + \overrightarrow{BP} = \overrightarrow{AC} + \overrightarrow{BO_1} + \overrightarrow{O_1P}$$

$$\rightarrow \quad |\overrightarrow{AC} + \overrightarrow{BO_1}| - \sqrt{3} \leq |\overrightarrow{AC} + \overrightarrow{BP}| \leq |\overrightarrow{AC} + \overrightarrow{BO_1}| + \sqrt{3}$$

따라서 $|\overrightarrow{AC} + \overrightarrow{BO_1}|$ 의 값만 구하면 된다. 이때 점 B 가 원점이고 직선 BC 가 x 축이 되도록 좌표평면을 도입하자.

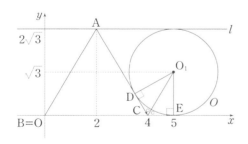

그림에서

$$\overrightarrow{AC} = (2, -2\sqrt{3}), \quad \overrightarrow{BO_1} = (5, \sqrt{3})$$

$$\rightarrow \quad \overrightarrow{AC} + \overrightarrow{BO_1} = (7, -\sqrt{3})$$

$$\rightarrow \quad |\overrightarrow{AC} + \overrightarrow{BO_1}| = 2\sqrt{13}$$

$$\therefore M = 2\sqrt{13} + \sqrt{3}, \ m = 2\sqrt{13} - \sqrt{3} \quad \rightarrow \quad Mm = 49$$

정답 ④

C·04

교과서적 해법

두 초점 F, F' 의 중점은 원점 O 이므로 평행사변형법에 의해

$$|\overrightarrow{PF} + \overrightarrow{PF'}| = |2\overrightarrow{PO}| = 2|\overrightarrow{PO}|$$

이다. 이때, $2|\overrightarrow{PO}|$ 의 값은 점 P 가 장축에 위치할 때 최대이므로 $2|\overrightarrow{PO}|$ 의 최댓값은 타원 $\dfrac{x^2}{9} + \dfrac{y^2}{5} = 1$ 의 장축의 길이와 같다.

$$\therefore (|\overrightarrow{PF} + \overrightarrow{PF'}| \text{의 최댓값}) = 2 \times 3 = 6$$

정답 ②

C·05

교과서적 해법

점 E, G, H 는 각각 선분 AB, AD, BD 의 중점이므로

$$\triangle AEG \equiv \triangle EBH$$
$$\rightarrow \quad \overrightarrow{EG} + \overrightarrow{HP} = \overrightarrow{BH} + \overrightarrow{HP} = \overrightarrow{BP}$$

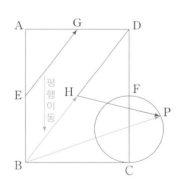

이때, 점 P 는 선분 CF 를 지름으로 하는 원 위의 점이므로 이 원의 중심을 핵심점으로 두고 $\overrightarrow{BP}$ 를 분해해 보자. 선분 CF 를 지름으로 하는 원의 중심을 O 라 하면 $\overrightarrow{BP} = \overrightarrow{BO} + \overrightarrow{OP}$ 이므로 $|\overrightarrow{EG} + \overrightarrow{HP}| = |\overrightarrow{BP}|$ 의 값은 선분 BP 가 점 O 를 지날 때 최대이다.

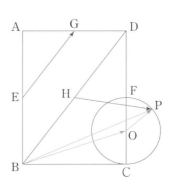

C

이때의 점 P를 P′이라 하면

$$|\overrightarrow{BP'}| = \overline{BO} + \overline{OP'}$$

이고, $\overline{BC} = 6$, $\overline{OC} = \overline{OP'} = 2$이므로

$$\overline{BO} = \sqrt{\overline{BC}^2 + \overline{OC}^2} = \sqrt{36+4} = 2\sqrt{10}$$

$$\therefore (|\overrightarrow{EG} + \overrightarrow{HP}|\,의\ 최댓값) = \overline{BO} + \overline{OP'} = 2 + 2\sqrt{10}$$

정답 ②

C·06

| 2014.사관·B 15번 |

Pattern   07   Thema

교과서적 해법

$\overrightarrow{OR} = \overrightarrow{OP} + \overrightarrow{OQ}$에서 두 점 P, Q가 모두 움직이므로 우선 점 P를 고정시킨 후 점 Q의 위치에 따른 점 R의 위치를 알아보자.

우선 점 P가 점 O에 위치한다면 $\overrightarrow{OR} = \overrightarrow{OQ}$이므로 점 R은 호 AB 위를 움직이고, 점 P가 점 M에 있다면 점 R는 그림과 같이 점 M을 중심으로 하는 부채꼴의 호 위를 움직인다.

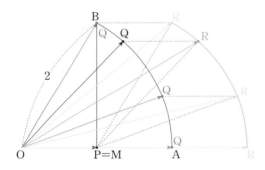

따라서 점 P가 점 O에서 점 M으로 이동할 때 점 R가 나타내는 영역은 그림과 같이 호 AB가 평행이동하면서 생기는 영역이다.

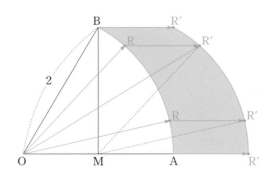

이제 점 P가 점 M에서 점 B로 이동할 때를 보자. 점 P가 점 M에 있고 점 Q가 점 A에 위치할 때 점 R를 A′, 점 Q가 점 B에 위치할 때 점 R를 B′이라 하면 두 점 A′, B′은 점 P가 이동할 때 같이 이동한다.

54

즉, 그림과 같이 두 점 A′, B′은 점 P가 점 B에 위치할 때 중심이 B인 부채꼴 위에 위치하게 된다.

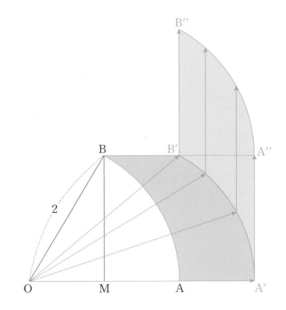

점 P가 점 B에 있고 점 Q가 점 A에 위치할 때 점 R를 A″, 점 Q가 점 B에 위치할 때 점 R를 B″이라 하면 점 R가 나타내는 영역은 그림과 같다. 이때

$$\overline{MA} = \overline{AA'} = \overline{B'A''}, \quad \overline{MB} = \overline{AB'} = \overline{B'B''}$$

이고, 호 A″B″은 호 AB를 평행이동한 것이므로 두 선분 MA, MB와 호 AB로 둘러싸인 도형과 두 선분 B′A″, B′B″과 호 A″B″으로 둘러싸인 도형은 서로 합동이다. 따라서 점 R가 나타내는 영역의 전체 넓이는 □MA′A″B의 넓이와 같다.

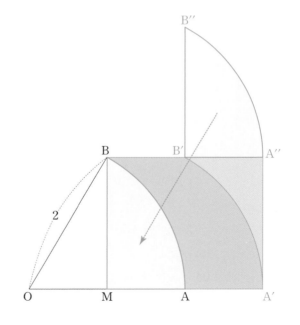

$$\overline{\mathrm{MA'}} = \overline{\mathrm{MA}} + \overline{\mathrm{AA'}} = 2, \quad \overline{\mathrm{MB}} = \sqrt{3}$$

$$\therefore \text{(영역 전체의 넓이)} = 2\sqrt{3}$$

정답 ③

C·07
CHALLENGE   정답률 17%

| 2023.4·기하 30번 |

Pattern   6   Thema   3

실전적 해법

주어진 포물선을 정리하면 $y^2 = 2(x-1)$ 이므로 꼭짓점이 $A(1, 0)$ 임을 쉽게 알 수 있다. 이제 주어진 도형 C에 대한 조건을 해석해 보자.

$$\overrightarrow{\mathrm{OX}} = \overrightarrow{\mathrm{OA}} + k \cdot \frac{\overrightarrow{\mathrm{OP}}}{|\overrightarrow{\mathrm{OP}}|} \quad \rightarrow \quad \overrightarrow{\mathrm{AX}} = k \cdot \frac{\overrightarrow{\mathrm{OP}}}{|\overrightarrow{\mathrm{OP}}|} \quad \rightarrow \quad |\overrightarrow{\mathrm{AX}}| = k$$

이므로 점 X는 점 A로부터 k만큼 떨어진 거리의 점임을 알 수 있다. 즉, 도형 C는 점 A를 중심으로 하고 반지름의 길이가 k인 원의 둘레의 일부이다. 이제 방향을 생각해 보자.

점 P는 포물선 $y^2 = 2(x-1)$ 위의 점이므로, $\frac{\overrightarrow{\mathrm{OP}}}{|\overrightarrow{\mathrm{OP}}|}$ 는 크기가 1이고 $\overrightarrow{\mathrm{OP}}$ 와 평행한 방향벡터이다. 따라서 다음 그림과 같이 $\overrightarrow{\mathrm{OP}}$ 를 표시해 보면, 원점에서 포물선에 그은 두 접선의 사이에서 $\frac{\overrightarrow{\mathrm{OP}}}{|\overrightarrow{\mathrm{OP}}|}$ 가 정의되는 것을 알 수 있다.

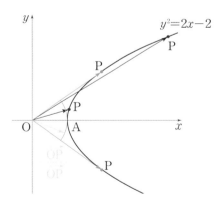

따라서 접선의 기울기를 구하자. 이때 [실전 개념]-포물선과 마름모$^{\text{Thema 10p}}$를 활용하면 접선의 x 절편이 0이고 꼭짓점의 x 좌표는 1이므로 접점의 x 좌표가 2임을 빠르게 알 수 있다. 이를 포물선의 방정식에 대입하면

$$y^2 = 2 \quad \rightarrow \quad y = \pm\sqrt{2} \quad \rightarrow \quad \text{(접선의 기울기)} = \pm\frac{\sqrt{2}}{2}$$

따라서 주어진 도형 C는 반지름의 길이가 k이면서 점 A를 지나는 두 직선 $y = \pm\frac{\sqrt{2}}{2}(x-1)$ 으로 그려지는 부채꼴의 호임을 알 수 있다.

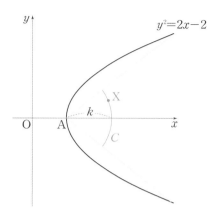

따라서 이 도형이 포물선과 서로 다른 두 점에서 만나도록 하는 실수 k의 최솟값은 다음 그림과 같이 두 직선 $y = \pm\frac{\sqrt{2}}{2}(x-1)$ 이 포물선과 처음으로 만날 때 만들어지는 선분의 길이이다.

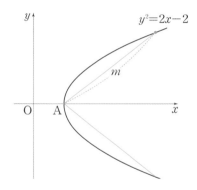

따라서 직선의 방정식과 포물선의 방정식을 연립하자.

$$\left\{\pm\frac{\sqrt{2}}{2}(x-1)\right\}^2 = 2(x-1) \quad \rightarrow \quad (x-1)^2 = 4(x-1)$$
$$\rightarrow \quad x-1 = 0 \text{ 또는 } 4$$
$$\rightarrow \quad x = 1 \text{ 또는 } 5$$

즉, 직선이 포물선과 만나는 점 중 꼭짓점이 아닌 점의 x 좌표는 5이다. 이를 다시 직선의 방정식에 대입하면 m 의 값을 구할 수 있다.

$$y^2 = 8 \quad \rightarrow \quad y = \pm 2\sqrt{2}$$
$$\rightarrow \quad m = \sqrt{4^2 + \left(2\sqrt{2}\right)^2} = 2\sqrt{6}$$

$$\therefore m^2 = 24$$

정답 24

교과서적   해법

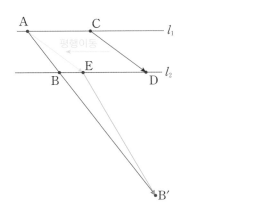

$\overrightarrow{CD}$ 의 시점이 점 A 가 되도록 평행이동했을 때의 종점을 E 라 하고 $4\overrightarrow{AB}$ 의 종점을 B′ 이라 하면

$$4\overrightarrow{AB} - \overrightarrow{CD} = \overrightarrow{EB'} \;\; \rightarrow \;\; |4\overrightarrow{AB} - \overrightarrow{CD}| = |\overrightarrow{EB'}|$$

이때, $|\overrightarrow{EB'}|$ 의 값이 최소가 되려면 점 E 가 점 B′ 에서 직선 l_2 에 내린 수선의 발이 되어야 한다.

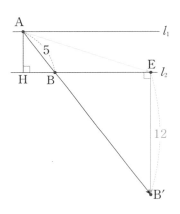

이때, 점 A 에서 직선 l_2 에 내린 수선의 발을 H 라 하면 △ABH 와 △B′BE 는 닮음이고 닮음비는 1:3 이다.

$$d = \overrightarrow{AH} = \frac{1}{3}|\overrightarrow{EB'}| = 4$$

$$\rightarrow \;\; \overline{BH} = 3 \;\; \rightarrow \;\; \overline{BE} = 9$$

$$k = |\overrightarrow{AE}| = \sqrt{\overline{AH}^2 + \overline{HE}^2} = 4\sqrt{10}$$

$$\therefore \; d \times k = 16\sqrt{10}$$

교과서적   해법

선분 OA 의 중점을 M 이라 하면 $\overrightarrow{OM} = -\overrightarrow{AM}$ 이므로

$$\overrightarrow{OP} + \overrightarrow{AQ} = (\overrightarrow{OM} + \overrightarrow{MP}) + (\overrightarrow{AM} + \overrightarrow{MQ}) = \overrightarrow{MP} + \overrightarrow{MQ}$$

따라서 $|\overrightarrow{MP} + \overrightarrow{MQ}|$ 의 최댓값과 최솟값을 구하면 된다. 이 벡터의 합을 삼각형법을 이용해 해석해 보자.

$\overrightarrow{MP} + \overrightarrow{MQ} = \overrightarrow{MX}$ 라 하면 $\overrightarrow{MP}$ 의 시점이 점 Q 가 되도록 평행이동시킨 벡터의 종점이 점 X 이다. 이를 그림으로 나타내면 다음과 같다.

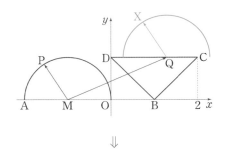

⇓

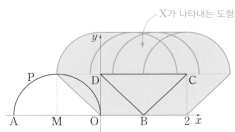

위의 그림에서 $|\overrightarrow{MX}|$ 가 최대인 상황은 점 Q 가 점 C 에 있고, 점 X 가 직선 MC 위에 있을 때이다. 직선 CD 가 반원의 호와 만나는 점을 X′ 이라 하면 $|\overrightarrow{MX}|$ 가 최소인 상황은 점 X 가 점 M 에서 직선 OX′ 위에 내린 수선의 발일 때이다.

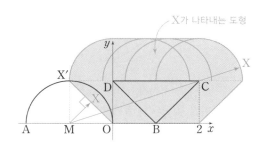

$$M = \overrightarrow{MC} + 1 = \sqrt{3^2 + 1^2} + 1 = 1 + \sqrt{10}, \quad m = \frac{\sqrt{2}}{2}$$

$$\rightarrow \quad M^2 + m^2 = \left(1 + \sqrt{10}\right)^2 + \left(\frac{\sqrt{2}}{2}\right)^2 = 11 + 2\sqrt{10} + \frac{1}{2}$$

$$= \frac{23}{2} + 2\sqrt{10}$$

$$\therefore \ p = \frac{23}{2}, \ q = 10 \quad \rightarrow \quad p \times q = 115$$

정답 115

C·10

정답률 47%

|2013.10·B 21번|

Pattern 7 Thema

교과서적 해법

두 점 P, Q는 두 원 C_3, C_4 위의 점이므로 $\left|\overrightarrow{AP} + \overrightarrow{AQ}\right|$에서 두 원의 중심을 핵심점으로 벡터를 분해해 보자. 원 C_n의 중심을 $O_n(n=1, \ 2, \ 3, \ 4)$라 하면

$$\left|\overrightarrow{AP} + \overrightarrow{AQ}\right| = \left|\left(\overrightarrow{AO_3} + \overrightarrow{O_3P}\right) + \left(\overrightarrow{AO_4} + \overrightarrow{O_4Q}\right)\right|$$

$$= \left|\left(\overrightarrow{AO_3} + \overrightarrow{AO_4}\right) + \overrightarrow{O_3P} + \overrightarrow{O_4Q}\right|$$

이때, 두 점 P, Q는 원 위의 점이므로 $\left|\overrightarrow{AP} + \overrightarrow{AQ}\right|$의 값은 두 벡터 $\overrightarrow{O_3P}$, $\overrightarrow{O_4Q}$의 방향이 벡터 $\left(\overrightarrow{AO_3} + \overrightarrow{AO_4}\right)$의 방향과 같을 때 최대이다. 즉, $\left|\overrightarrow{AP} + \overrightarrow{AQ}\right|$의 최댓값은 $\left|\overrightarrow{AO_3} + \overrightarrow{AO_4}\right| + 2$이다.

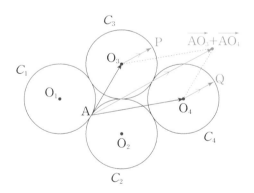

이제 $\left|\overrightarrow{AO_3} + \overrightarrow{AO_4}\right|$의 값을 구해보자. 각 원의 중심을 이은 마름모를 기준으로 벡터를 분해하고

$$\overrightarrow{O_1O_2} = \vec{a}, \quad \overrightarrow{O_1O_3} = \vec{b}$$

라 하면 $\left|\overrightarrow{AO_3} + \overrightarrow{AO_4}\right|$는 다음과 같이 계산할 수 있다.

$$\overrightarrow{AO_3} = -\frac{1}{2}\vec{a} + \vec{b}, \quad \overrightarrow{AO_4} = \frac{1}{2}\vec{a} + \vec{b} \ \rightarrow \ \overrightarrow{AO_3} + \overrightarrow{AO_4} = 2\vec{b}$$

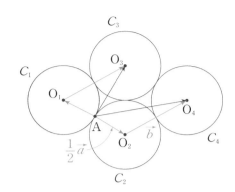

$$\therefore \left(\left|\overrightarrow{AP} + \overrightarrow{AQ}\right|\text{의 최댓값}\right) = \left|2\vec{b}\right| + 2 = 6$$

정답 ②

2. 평면벡터

$$\therefore \quad \overrightarrow{AR} \cdot (\overrightarrow{AB} + \overrightarrow{AC}) = 66$$

정답 ③

D·01 ▦▦▦ ▦ |2025.사관·기하 27번|

Pattern ⟩ 08 ⟩ Thema

교과서적 해법

주어진 내적을 전개하면 다음과 같다.

$$\overrightarrow{AR} \cdot (\overrightarrow{AB} + \overrightarrow{AC}) = \overrightarrow{AR} \cdot \overrightarrow{AB} + \overrightarrow{AR} \cdot \overrightarrow{AC} \cdots Ⓐ$$

$\overrightarrow{AR} = \overrightarrow{AP} + \overrightarrow{PR} = \overrightarrow{AQ} + \overrightarrow{QR}$ 이므로 각각 대입하여 다음과 같이 정리할 수 있다.

$$\begin{aligned}
\overrightarrow{AR} \cdot \overrightarrow{AB} &= (\overrightarrow{AP} + \overrightarrow{PR}) \cdot \overrightarrow{AB} \\
&= \overrightarrow{AP} \cdot \overrightarrow{AB} \ (\because \ \overrightarrow{PR} \cdot \overrightarrow{AB} = 0) \\
&= |\overrightarrow{AP}| \times |\overrightarrow{AB}| \\
&= 9|\overrightarrow{AP}|
\end{aligned}$$

$$\begin{aligned}
\overrightarrow{AR} \cdot \overrightarrow{AC} &= (\overrightarrow{AQ} + \overrightarrow{QR}) \cdot \overrightarrow{AC} \\
&= \overrightarrow{AQ} \cdot \overrightarrow{AC} \ (\because \ \overrightarrow{QR} \cdot \overrightarrow{AC} = 0) \\
&= |\overrightarrow{AQ}| \times |\overrightarrow{AC}| \\
&= 7|\overrightarrow{AQ}|
\end{aligned}$$

각각의 결과를 Ⓐ에 대입하면

$$\overrightarrow{AR} \cdot (\overrightarrow{AB} + \overrightarrow{AC}) = 9|\overrightarrow{AP}| + 7|\overrightarrow{AQ}| \cdots Ⓑ$$

따라서 $\overrightarrow{AP}$, $\overrightarrow{AQ}$ 를 구하면 된다. 각각은 △ABQ, △ACP 의 한 변이므로 ∠A 를 알면 구할 수 있다. 문제에서 △ABC 의 세 변의 길이가 주어져 있으므로 코사인법칙을 통해 ∠A 를 구하자.

$$\cos\angle A = \frac{\overline{AB}^2 + \overline{AC}^2 - \overline{BC}^2}{2 \cdot \overline{AB} \cdot \overline{AC}} = \frac{9^2 + 7^2 - 8^2}{2 \cdot 9 \cdot 7} = \frac{11}{21}$$

$$\Downarrow$$

$$\overline{AP} = \overline{AC} \cdot \cos\angle A = 7 \cdot \frac{11}{21} = \frac{11}{3}$$

$$\overline{AQ} = \overline{AB} \cdot \cos\angle A = 9 \cdot \frac{11}{21} = \frac{33}{7}$$

각각의 결과를 Ⓑ에 대입하면

$$9|\overrightarrow{AP}| + 7|\overrightarrow{AQ}| = 9 \cdot \frac{11}{3} + 7 \cdot \frac{33}{7} = 66$$

D·02 ▦▦▦ ▦ |2018.10·가 11번|

정답률 85%   Pattern ⟩ 08 ⟩ Thema

교과서적 해법

$\overrightarrow{AB} \cdot \overrightarrow{BC} = 0$ 에서 $|\overrightarrow{AB}| \neq 0$ 이므로

$$|\overrightarrow{BC}| = 0 \ \text{또는} \ \overrightarrow{AB} \perp \overrightarrow{BC}$$

이다. 이때, $|\overrightarrow{BC}| = 0$ 이면 두 점 B, C 가 같으므로

$$|\overrightarrow{AB} + \overrightarrow{AC}| = |\overrightarrow{AB} + \overrightarrow{AB}| = |2\overrightarrow{AB}| = 2$$

에서 주어진 조건에 모순이다. 따라서 $\overrightarrow{AB} \perp \overrightarrow{BC}$ 이고 △ABC 는 직각삼각형임을 알 수 있다. 두 점 B, C 의 중점을 M 이라 하면 평행사변형법에 의해

$$|\overrightarrow{AB} + \overrightarrow{AC}| = |2\overrightarrow{AM}| = 2|\overrightarrow{AM}| = 4 \quad \rightarrow \quad |\overrightarrow{AM}| = 2$$

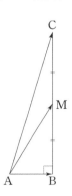

$$\therefore \quad |\overrightarrow{BC}| = 2\overline{BM} = 2\sqrt{\overline{AM}^2 - \overline{AB}^2} = 2\sqrt{4-1} = 2\sqrt{3}$$

정답 ④

D·03

정답률 82% | 2016.10·가 25번 |
Pattern   8   Thema   6

교과서적 해법

점 I는 △ABC의 내심이므로 점 I의 직선 AB 위로의 수선의 발을 H라 하면 [교과서 개념]-내심$^{\text{Thema 23p}}$에 의해

$$\triangle BIH \equiv \triangle BID$$

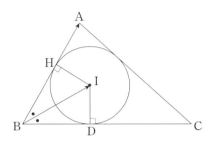

따라서 $\overline{BD} = \overline{BH} = 8$이므로

$$\therefore \quad \overrightarrow{BA} \cdot \overrightarrow{BI} = |\overrightarrow{BA}||\overrightarrow{BH}| = 15 \times 8 = 120$$

정답   120

D·04

정답률 88% | 2016.7·가 9번 |
Pattern   8   Thema

교과서적 해법

$$
\begin{aligned}
|2\vec{a}+\vec{b}|^2 &= |2\vec{a}+\vec{b}| \cdot |2\vec{a}+\vec{b}| \\
&= 4|\vec{a}|^2 + 4(\vec{a}\cdot\vec{b}) + |\vec{b}|^2 \\
&= 4|\vec{a}|^2 + 4|\vec{a}||\vec{b}|\cos\theta + |\vec{b}|^2 \\
&= 4 + (4\times1\times3)\cos\theta + 3^2 \\
&= 13 + 12\cos\theta = 16
\end{aligned}
$$

$$\therefore \quad \cos\theta = \frac{1}{4}$$

정답   ③

D·05

정답률 66% | 2022.4·기하 27번 |
Pattern   9   Thema

교과서적 해법

쌍곡선 $\dfrac{x^2}{2} - \dfrac{y^2}{2} = 1$의 꼭짓점 중 x좌표가 음수인 점을 B라 하면 $\overrightarrow{BO} = \overrightarrow{OA}$이므로

$$\overrightarrow{OA} + \overrightarrow{OP} = \overrightarrow{BO} + \overrightarrow{OP} = \overrightarrow{BP} \quad \rightarrow \quad |\overrightarrow{BP}| = k$$

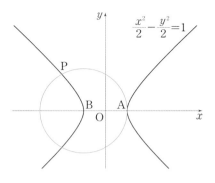

따라서 점 P는 점 B를 중심으로 하고, 반지름의 길이가 k인 원 위의 점이다. 즉, 쌍곡선과 점 B를 중심으로 하고, 반지름의 길이가 k인 원의 교점의 개수가 3이어야 하므로 $k = \overline{AB}$ 이다.

$$\therefore \quad k = \overline{AB} = 2\sqrt{2}$$

정답   ④

D·06

| 2024.사관·기하 28번 |
Pattern   8   Thema

교과서적 해법

점 C에서 $\overrightarrow{AB}$에 내린 수선의 발을 C′이라 하면 (가)조건에서

$$\overrightarrow{AB} \cdot \overrightarrow{AC} = |\overrightarrow{AB}||\overrightarrow{AC'}| = \frac{1}{3}|\overrightarrow{AB}|^2 \quad \rightarrow \quad |\overrightarrow{AC'}| = \frac{1}{3}|\overrightarrow{AB}|$$

이므로 점 C′은 선분 AB의 1 : 2 내분점이다. 따라서 (나)조건에서

$$\overrightarrow{AB} \cdot \overrightarrow{CB} = |\overrightarrow{AB}||\overrightarrow{C'B}| = \frac{2}{3}|\overrightarrow{AB}|^2 = \frac{2}{5}|\overrightarrow{AC}|^2$$

$$\rightarrow \quad |\overrightarrow{AC}| = \frac{\sqrt{15}}{3}|\overrightarrow{AB}|$$

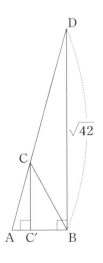

△AC′C에서 피타고라스의 정리에 의해

$$|\overrightarrow{CC'}|^2 = |\overrightarrow{AC}|^2 - |\overrightarrow{AC'}|^2 = \frac{14}{9}|\overrightarrow{AB}|^2$$

$$\rightarrow \quad |\overrightarrow{CC'}| = \frac{\sqrt{14}}{3}|\overrightarrow{AB}|$$

이때 $\triangle ABD \infty \triangle AC'C$ 이고 닮음비가 $3:1$ 이므로

$$|\overrightarrow{BD}|:|\overrightarrow{CC'}| = 3:1 \quad \Leftrightarrow \quad \sqrt{42}:\frac{\sqrt{14}}{3}|\overrightarrow{AB}| = 3:1$$

$$\rightarrow \quad |\overrightarrow{AB}| = \sqrt{3}$$

$$\therefore \ (\triangle ABC \text{ 의 넓이}) = \frac{1}{2}|\overrightarrow{AB}||\overrightarrow{CC'}| = \frac{\sqrt{14}}{2}$$

정답 ⑤

D·07

정답률 62%　　Pattern ▯8　Thema ▯▯

|2019.10·가 27번|

교과서적 해법

점 Q 가 선분 AB 를 $5:1$ 로 외분하는 점이므로

$$\overrightarrow{AQ} = 5\overrightarrow{BQ} \quad \rightarrow \quad \overrightarrow{AQ} = 5\sqrt{3}, \quad \overrightarrow{AB} = 4\sqrt{3}$$

따라서 선분 AB 를 지름으로 하는 원의 반지름은 $2\sqrt{3}$ 이다. 이 원의 중심을 O 라 하면

$$\overrightarrow{OP} = 2\sqrt{3}, \quad \overrightarrow{OQ} = 3\sqrt{3}, \quad \angle OPQ = \frac{\pi}{2}$$

$$\rightarrow \quad \cos(\angle POQ) = \frac{2}{3}$$

$$\begin{aligned}\therefore \ \overrightarrow{AP} \cdot \overrightarrow{AQ} &= (\overrightarrow{AO} + \overrightarrow{OP}) \cdot \overrightarrow{AQ} \\ &= \overrightarrow{AO} \cdot \overrightarrow{AQ} + \overrightarrow{OP} \cdot \overrightarrow{AQ} \\ &= |\overrightarrow{AO}||\overrightarrow{AQ}| + |\overrightarrow{OP}||\overrightarrow{AQ}|\cos(\angle POQ) \\ &= 2\sqrt{3} \times 5\sqrt{3} + 2\sqrt{3} \times 5\sqrt{3} \times \frac{2}{3} \\ &= 50\end{aligned}$$

정답　50

D·08

해설 Thema ▯7 학습　|2019.사관·가 27번|
Pattern ▯▯8　Thema ▯7

실전적 해법

평면벡터 문제와 좌표평면 문제의 일대일 대응$^{\text{Thema 28p}}$을 이용하자. 삼각형 ABC 의 세 선분은 서로 평행하지 않으므로 두 벡터 $\overrightarrow{BA}$, $\overrightarrow{BC}$ 를 각각 일영영일 대응하여 점 B 를 원점으로 두고

$$\overrightarrow{BA} = \vec{a} = (0, 1), \quad \overrightarrow{BC} = \vec{b} = (1, 0)$$

이라 하자. 주어진 조건에 의해

$$D\left(\frac{1}{3}, \frac{2}{3}\right), \quad E\left(\frac{2}{3}, \frac{1}{3}\right), \quad F\left(\frac{1}{2}, 0\right)$$

$$\Downarrow$$

$$\overrightarrow{BE} = \left(\frac{2}{3}, \frac{1}{3}\right), \quad \overrightarrow{FD} = \left(-\frac{1}{6}, \frac{2}{3}\right)$$

$$\Downarrow$$

직선 BE 의 방정식: $\quad y = \dfrac{\frac{1}{3}}{\frac{2}{3}}(x-0) + 0 = \dfrac{1}{2}x$

직선 FD 의 방정식: $\quad y = \dfrac{\frac{2}{3}}{-\frac{1}{6}}\left(x - \frac{1}{2}\right) + 0 = -4x + 2$

연립방정식을 풀면 두 직선의 교점 G 의 좌표는 $\left(\dfrac{4}{9}, \dfrac{2}{9}\right)$ 임을 알 수 있다. 따라서

$$\overrightarrow{AG} = \left(\frac{4}{9} - 0, \frac{2}{9} - 1\right) = \left(\frac{4}{9}, -\frac{7}{9}\right)$$

즉, 일영영일 대응을 통해 $\overrightarrow{BE} = \dfrac{\vec{a} + 2\vec{b}}{3}$, $\overrightarrow{AG} = \dfrac{-7\vec{a} + 4\vec{b}}{9}$ 임을 구할 수 있다. 이제 주어진 내적 조건은

$$\begin{aligned}\overrightarrow{AG} \cdot \overrightarrow{BE} &= \left(\frac{-7\vec{a} + 4\vec{b}}{9}\right) \cdot \left(\frac{\vec{a} + 2\vec{b}}{3}\right) \\ &= \frac{-7\vec{a}^2 - 10\,\vec{a} \cdot \vec{b} + 8\vec{b}^2}{27} \\ &= \frac{-63 - 10\,\vec{a} \cdot \vec{b} + 128}{27} \\ &= \frac{-10\,\vec{a} \cdot \vec{b} + 65}{27} = 0\end{aligned}$$

$$\rightarrow \quad \vec{a} \cdot \vec{b} = \frac{13}{2}$$

벡터의 내적 연산에 관한 성질에 의해

$$\vec{a} \cdot \vec{b} = |\vec{a}||\vec{b}|\cos(\angle ABC) = 12\cos(\angle ABC)$$

임을 활용하자.

$$\therefore \cos(\angle ABC) = \frac{13}{24} \quad \rightarrow \quad p+q=37$$

교과서적 해법

문제에 $\overline{AB}=3$, $\overline{BC}=4$가 주어져 있으므로 두 벡터 $\overrightarrow{BA}$, $\overrightarrow{BC}$를 단위벡터로 둘 수 있다. $\overrightarrow{BA}=\vec{a}$, $\overrightarrow{BC}=\vec{b}$라 하면

$$\overrightarrow{BD} = \frac{2\vec{a}+\vec{b}}{3}, \quad \overrightarrow{BE} = \frac{\vec{a}+2\vec{b}}{3}, \quad \overrightarrow{BF} = \frac{1}{2}\vec{b}$$

이때, 점 E는 선분 CD의 중점이므로 △BCD에서 중점연결정리에 의해

(직선 BD) ∥ (직선 EF)
$\rightarrow \quad \angle GDB = \angle GFE$, $\angle GBD = \angle GEF$

이다. 따라서

$$\triangle GBD \infty \triangle GEF \quad \rightarrow \quad \overline{BD}:\overline{EF} = \overline{BG}:\overline{GE} = 2:1$$
$$\rightarrow \quad \overrightarrow{BG} = \frac{2}{3}\overrightarrow{BE} = \frac{2\vec{a}+4\vec{b}}{9}$$
$$\rightarrow \quad \overrightarrow{AG} = \frac{-7\vec{a}+4\vec{b}}{9}$$

이후의 풀이과정은 [실전적 해법]과 같다.

정답   37

D·09 |2017.10·가 28번|
정답률 61%   Pattern   8   Thema

교과서적 해법 1

주어진 그림에서 $\overrightarrow{PC}$가 고정된 벡터이므로 $\overrightarrow{PQ}$에서 $\overrightarrow{PC}$에 정사영을 내릴 수 있다. 점 Q에서 직선 PC에 내린 수선의 발을 Q′이라 하면 $\overrightarrow{PC} \cdot \overrightarrow{PQ} = |\overrightarrow{PC}||\overrightarrow{PQ'}|$이다. 이때, $|\overrightarrow{PC}||\overrightarrow{PQ'}|$의 값은 그림과 같이 직선 QQ′이 원 C_2에 접할 때 최대가 되는 것을 알 수 있다.

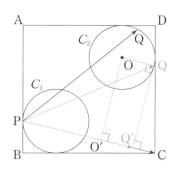

이때, 원 C_2의 중심을 O, 점 O에서 직선 PC에 내린 수선의 발을 O′이라 하면

$$\angle OQQ' = \angle QQ'P = \frac{\pi}{2} \quad \rightarrow \quad (\text{직선 } OQ) \parallel (\text{직선 } O'Q')$$

이다. 따라서

$$|\overrightarrow{PC}||\overrightarrow{PQ'}| = |\overrightarrow{PC}|(|\overrightarrow{PO'}| + |\overrightarrow{O'Q'}|) = |\overrightarrow{PC}|(|\overrightarrow{PO'}| + 1)$$

이므로 $|\overrightarrow{PO'}|$만 알면 된다. 그림에서 $\overline{PC}$, $\overline{PO}$, $\overline{OC}$를 알 수 있으므로 $\angle OPC = \theta$라 하면

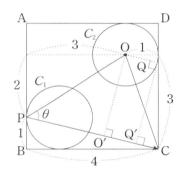

$$\overline{PC} = \sqrt{1^2+4^2} = \sqrt{17}$$
$$\overline{PO} = \sqrt{2^2+3^2} = \sqrt{13}$$
$$\overline{OC} = \sqrt{1^2+3^2} = \sqrt{10}$$

이므로 코사인법칙에 의해

$$\cos\theta = \frac{\overline{PC}^2 + \overline{PO}^2 - \overline{OC}^2}{2 \times \overline{PC} \times \overline{PO}} = \frac{17+13-10}{2\sqrt{17\times13}}$$
$$= \frac{10}{\sqrt{17\times13}}$$

이다. 따라서

$$|\overrightarrow{PO'}| = |\overrightarrow{PO}|\cos\theta = \sqrt{13} \times \frac{10}{\sqrt{17 \times 13}} = \frac{10}{\sqrt{17}}$$

$$\Downarrow$$

$$|\overrightarrow{PC}||\overrightarrow{PQ'}| = |\overrightarrow{PC}|(|\overrightarrow{PO'}|+1) = \sqrt{17}\left(\frac{10}{\sqrt{17}}+1\right)$$

$$= 10 + \sqrt{17}$$

$$\therefore a+b = 27$$

교과서적 해법 2

문제에 정사각형이 주어져 있으므로 좌표를 통해 해결해 보자. 우선 주어진 벡터를 분해하면

$$\overrightarrow{PC} \cdot \overrightarrow{PQ} = \overrightarrow{PC} \cdot (\overrightarrow{PO}+\overrightarrow{OQ}) = \overrightarrow{PC} \cdot \overrightarrow{PO} + \overrightarrow{PC} \cdot \overrightarrow{OQ}$$

이다. 또한, [교과서적 해법1]과 같은 과정에 의해

(직선 OQ) // (직선 O′Q′)

임을 구하면

$$\overrightarrow{PC} \cdot \overrightarrow{PO} + \overrightarrow{PC} \cdot \overrightarrow{OQ} = \overrightarrow{PC} \cdot \overrightarrow{PO} + |\overrightarrow{PC}||\overrightarrow{OQ}|$$

이다. 두 벡터 $\overrightarrow{PC}$, $\overrightarrow{PO}$의 시점이 P 이므로 주어진 그림을 원점이 P 이고 직선 AB 가 y축인 좌표평면 위에 두면

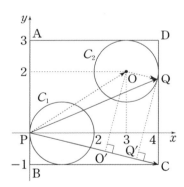

$$\overrightarrow{PC} = (4, -1), \quad \overrightarrow{PO} = (3, 2)$$
$$\rightarrow \quad \overrightarrow{PC} \cdot \overrightarrow{PO} = (4, -1) \cdot (3, 2) = 10$$
$$\rightarrow \quad \overrightarrow{PC} \cdot \overrightarrow{PO} + |\overrightarrow{PC}||\overrightarrow{OQ}| = 10 + \sqrt{17}$$

$$\therefore a+b = 27$$

D·10　■■■■ ■■

Pattern 08　Thema
|2017.사관·가 28번|

교과서적 해법

구하고자 하는 값이 원 C 위의 점 P 에 대한 내적이므로 원 C 의 중심을 핵심점으로 하여 벡터로 분해하여 내적을 해석하자. 원 C의 중심을 O 라 하면

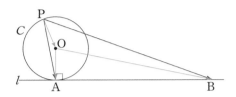

$$\overrightarrow{PA} \cdot \overrightarrow{PB} = (\overrightarrow{PO}+\overrightarrow{OA}) \cdot (\overrightarrow{PO}+\overrightarrow{OB})$$
$$= |\overrightarrow{PO}|^2 + \overrightarrow{PO} \cdot (\overrightarrow{OA}+\overrightarrow{OB}) + \overrightarrow{OA} \cdot \overrightarrow{OB}$$

이다. 이때, 원 C 의 반지름의 길이가 5 이고, $\angle OAB = \dfrac{\pi}{2}$ 이므로 $\overrightarrow{OB}$ 의 $\overrightarrow{OA}$ 위로의 정사영은 $\overrightarrow{OA}$ 이다. 따라서

$$|\overrightarrow{PO}|^2 + \overrightarrow{PO} \cdot (\overrightarrow{OA}+\overrightarrow{OB}) + \overrightarrow{OA} \cdot \overrightarrow{OB}$$
$$= |\overrightarrow{PO}|^2 + \overrightarrow{PO} \cdot (\overrightarrow{OA}+\overrightarrow{OB}) + |\overrightarrow{OA}|^2$$
$$= 5^2 + \overrightarrow{PO} \cdot (\overrightarrow{OA}+\overrightarrow{OB}) + 5^2$$
$$= \overrightarrow{PO} \cdot (\overrightarrow{OA}+\overrightarrow{OB}) + 50$$

이다. $\overrightarrow{OA}+\overrightarrow{OB}$ 를 평행사변형법으로 해석하자. 선분 AB 의 중점을 M 이라 하면 $\overrightarrow{OA}+\overrightarrow{OB} = 2\overrightarrow{OM}$ 이고, $\overline{OA}=5$, $\overline{AB}=24$ 이므로 $\overline{AM}=12$ 이고, 피타고라스의 정리에 의해 $\overline{OM}=13$ 까지 얻을 수 있다.

$$\overrightarrow{PA} \cdot \overrightarrow{PB} = \overrightarrow{PO} \cdot (\overrightarrow{OA}+\overrightarrow{OB}) + 50 = \overrightarrow{PO} \cdot (2\overrightarrow{OM}) + 50$$
$$= 2 \times \overrightarrow{PO} \cdot \overrightarrow{OM} + 50$$

따라서 $\overrightarrow{PA} \cdot \overrightarrow{PB}$ 의 값은 $\overrightarrow{PO} \cdot \overrightarrow{OM}$ 의 값이 최대일 때 최대이다. 이때, $\overrightarrow{PO} \cdot \overrightarrow{OM}$ 의 값은 선분 PM 이 점 O 를 지날 때 최대이므로 이때의 P 를 P′ 이라 하면

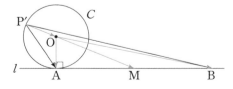

$$\overrightarrow{P'O} \cdot \overrightarrow{OM} = \overrightarrow{P'O} \times \overrightarrow{OM} = 5 \times 13 = 65$$

$$\therefore \ (\overrightarrow{PA} \cdot \overrightarrow{PB} \text{의 최댓값}) = 2 \times \overrightarrow{PO'} \cdot \overrightarrow{OM} + 50 = 2 \times 65 + 50$$
$$= 180$$

정답 180

D·11
정답률 82%
Pattern 8   Thema
| 2016.7·가 19번 |

교과서적 **해법**

$\angle AHC = \dfrac{\pi}{2}$ 이므로 $\overrightarrow{CA}$ 의 $\overrightarrow{CH}$ 위로의 정사영은 $\overrightarrow{CH}$ 이다. 따라서

$$\overrightarrow{CA} \cdot \overrightarrow{CH} = \overrightarrow{CH} \cdot \overrightarrow{CH} = |\overrightarrow{CH}|^2$$

이므로 $\overrightarrow{CH}$ 의 값을 구하면 된다. (가)조건을 보면 점 H 가 선분 AB 의 $2:3$ 내분점이므로 $\overline{AH} = 2k$, $\overline{BH} = 3k$(k 는 양수)라 두면 $\overline{AB} = 5k$ 이다.

(나)조건을 보면 $\angle AHC = \dfrac{\pi}{2}$ 이므로 $\overrightarrow{AC}$ 의 $\overrightarrow{AB}$ 위로의 정사영은 $\overrightarrow{AH}$ 이다. 따라서

$$\overrightarrow{AB} \cdot \overrightarrow{AC} = \overrightarrow{AB} \cdot \overrightarrow{AH} = |\overrightarrow{AB}| \times |\overrightarrow{AH}| = 40$$

이고, (가)조건에 의해

$$|\overrightarrow{AB}| \times |\overrightarrow{AH}| = 2k \times 5k = 10k^2 = 40$$
$$\rightarrow \ k = 2 \ (\because \ k \text{는 양수})$$
$$\rightarrow \ \overline{AH} = 4, \quad \overline{HB} = 6, \quad \overline{AB} = 10$$

이다. (다)조건에 △ABC 의 넓이가 주어져 있으므로

$$(\triangle ABC \text{의 넓이}) = \frac{1}{2} \times \overline{AB} \times \overline{CH} = \frac{1}{2} \times 10 \times \overline{CH}$$
$$= 5 \times \overline{CH} = 30$$
$$\rightarrow \ \overline{CH} = 6$$

$$\therefore \ \overrightarrow{CA} \cdot \overrightarrow{CH} = |\overrightarrow{CH}|^2 = 6^2 = 36$$

정답 ①

D·12
정답률 54%
Pattern 8   Thema
| 2010.10·가 11번 |

교과서적 **해법 1**

점 P 가 원 위의 점이므로 원의 중심(O 라 하자.)을 핵심점으로 두고 벡터를 분해하자.

$$\overrightarrow{AC} \cdot \overrightarrow{AP} = \overrightarrow{AC} \cdot (\overrightarrow{AO} + \overrightarrow{OP}) = \overrightarrow{AC} \cdot \overrightarrow{AO} + \overrightarrow{AC} \cdot \overrightarrow{OP}$$

이때 $\overrightarrow{AC} \cdot \overrightarrow{AO}$ 는 상수이므로 $\overrightarrow{AC} \cdot \overrightarrow{OP}$ 가 최대가 되는 상황을 찾으면 된다. $\overrightarrow{AC}$ 는 고정된 벡터, $\overrightarrow{OP}$ 는 크기만 고정되어 있는 벡터이므로, $\overrightarrow{OP}$ 의 방향이 $\overrightarrow{AC}$ 와 같을 때 최댓값을 갖는다. 그림으로 나타내면 다음과 같다.

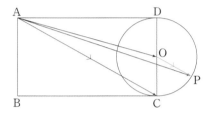

원의 반지름의 길이가 1 이고 $\triangle ABC$ 에서 피타고라스 정리에 의해 $|\overrightarrow{AC}| = 4$ 이므로

$$(\overrightarrow{AC} \cdot \overrightarrow{AP} \text{의 최댓값}) = \overrightarrow{AC} \cdot \overrightarrow{AO} + 4 \times 1 = \overrightarrow{AC} \cdot \overrightarrow{AO} + 4$$

이다. 이제 주어진 도형이 직사각형이므로 '직각모퉁이'를 핵심점으로 두고 $\overrightarrow{AC} \cdot \overrightarrow{AO}$ 의 값을 구하자.

$$\overrightarrow{AC} \cdot \overrightarrow{AO} = (\overrightarrow{AD} + \overrightarrow{DC}) \cdot (\overrightarrow{AD} + \overrightarrow{DO})$$
$$= |\overrightarrow{AD}|^2 + \overrightarrow{AD} \cdot \overrightarrow{DO} + \overrightarrow{DC} \cdot \overrightarrow{AD} + \overrightarrow{DC} \cdot \overrightarrow{DO}$$
$$= (2\sqrt{3})^2 + 0 + 0 + 2 \cdot 1 \ (\because \ \angle ADC = 90°)$$
$$= 14$$

$$\therefore \ (\overrightarrow{AC} \cdot \overrightarrow{AP} \text{의 최댓값}) = \overrightarrow{AC} \cdot \overrightarrow{AO} + 4 = 18$$

교과서적 **해법 2**

[교과서적 해법1]에서 $\overrightarrow{AC} \cdot \overrightarrow{AO}$ 의 값을 좌표평면을 도입해 구해 보자. 점 A 가 원점이고 점 D 가 x 축 위에 있도록 하면 두 점 C, O 의 좌표는 각각 $C(2\sqrt{3}, -2)$, $O(2\sqrt{3}, -1)$ 이므로

$$\overrightarrow{AC} \cdot \overrightarrow{AO} = (2\sqrt{3}, -2) \cdot (2\sqrt{3}, -1)$$
$$= (2\sqrt{3})^2 + (-2) \cdot (-1)$$
$$= 14$$

정답 ④

D·13

정답률 37%

Pattern 09   Thema

교과서적 해법

(가)조건부터 해석하자.

$$\overrightarrow{PA} \cdot \overrightarrow{PC} = 0 \quad \Leftrightarrow \quad \angle APC = \frac{\pi}{2}$$

이므로 점 P는 선분 AC를 지름으로 하는 원 위의 점이고,

$$\frac{|\overrightarrow{PA}|}{|\overrightarrow{PC}|} = 3 \quad \Leftrightarrow \quad |\overrightarrow{PA}| = 3|\overrightarrow{PC}|$$

이므로 △ACP는 $\overrightarrow{PA} = 3\overrightarrow{PC}$ 인 직각삼각형이다.

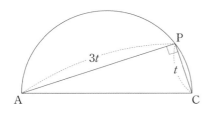

(나)조건에서 두 벡터 $\overrightarrow{PB}$와 $\overrightarrow{PC}$가 이루는 각을 θ라 하면

$$\overrightarrow{PB} \cdot \overrightarrow{PC} = |\overrightarrow{PB}||\overrightarrow{PC}|\cos\theta = -\frac{\sqrt{2}}{2}|\overrightarrow{PB}||\overrightarrow{PC}|$$

$$\Leftrightarrow \quad \cos\theta = -\frac{\sqrt{2}}{2} \quad \Leftrightarrow \quad \theta = \frac{3}{4}\pi$$

이제 (나)조건에서 $\overrightarrow{PB} \cdot \overrightarrow{PC} = -2|\overrightarrow{PC}|^2$을 정사영을 활용하여 해석해 보자. 이때 점 P가 삼각형 ABC의 내부의 점임에 유의하자.

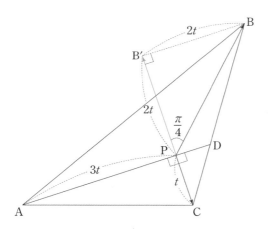

점 B에서 직선 PC에 내린 수선의 발을 B′이라 하면

$$\overrightarrow{PB} \cdot \overrightarrow{PC} = -|\overrightarrow{PB'}||\overrightarrow{PC}| = -2|\overrightarrow{PC}|^2$$
$$\Leftrightarrow \quad |\overrightarrow{PB'}| = 2|\overrightarrow{PC}|$$

$\angle BPB' = \pi - \theta = \frac{\pi}{4}$ 이므로 $\overline{BB'} = \overline{PB'} = 2t$ 이고

$$\tan(\angle BCB') = \frac{\overline{BB'}}{\overline{B'C}} = \frac{2}{3} \quad \rightarrow \quad \overline{PD} = \frac{2}{3}t, \ \overline{AD} = \frac{11}{3}t$$

$$\therefore \ \overrightarrow{AD} = \frac{11}{2}\overrightarrow{PD} \quad \rightarrow \quad k = \frac{11}{2}$$

정답 ①

D·14

Pattern 09   Thema

교과서적 해법

(가)조건에서 점 Q는 점 P를 지나고 직선 OA에 수직인 직선 위에 있으므로 점 Q의 y좌표는 t이다. 이때 점 P의 y좌표도 t이므로, (나)조건에서 $|\overrightarrow{PQ}|$의 값은 점 Q의 x좌표의 절댓값과 같다.

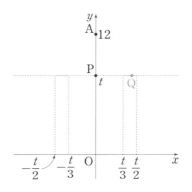

즉, 점 Q의 x좌표를 Q_x라 하면 $\frac{t}{3} \le |Q_x| \le \frac{t}{2}$ 이다. 이때, $6 \le t \le 12$ 에서

$$|\overrightarrow{AQ}|^2 = (12-t)^2 + Q_x^2$$
$$\rightarrow \ (12-t)^2 + \left(\frac{t}{3}\right)^2 \le (12-t)^2 + Q_x^2 \le (12-t)^2 + \left(\frac{t}{2}\right)^2$$

이므로 $|\overrightarrow{AQ}|^2$의 값은 $|Q_x| = \frac{t}{3}$일 때 최소, $|Q_x| = \frac{t}{2}$일 때 최대임을 알 수 있다. $|\overrightarrow{AQ}|^2$의 최솟값을 먼저 구해보자.

$$(12-t)^2 + \left(\frac{t}{3}\right)^2 = \frac{10}{9}t^2 - 24t + 144 = \frac{10}{9}\left(t - \frac{54}{5}\right)^2 + \frac{72}{5}$$

이므로 $|\overrightarrow{AQ}|^2$은 $t = \frac{54}{5}$일 때 최솟값 $\frac{72}{5}$를 가진다. 이제 $|\overrightarrow{AQ}|^2$의 최댓값을 구해보자.

$$(12-t)^2 + \left(\frac{t}{2}\right)^2 = \frac{5}{4}t^2 - 24t + 144 = \frac{5}{4}\left(t - \frac{48}{5}\right)^2 + \frac{144}{5}$$

이므로 $|\overrightarrow{AQ}|^2$은 $t=6$일 때 최댓값 45를 가진다. 따라서

$$\frac{72}{5} \le |\overrightarrow{AQ}|^2 \le 45 \quad \rightarrow \quad \frac{6}{5}\sqrt{10} \le |\overrightarrow{AQ}| \le 3\sqrt{5}$$

$$\therefore M = 3\sqrt{5}, \ m = \frac{6}{5}\sqrt{10} \quad \rightarrow \quad Mm = 18\sqrt{2}$$

정답   ④

D·15
CHALLENGE   정답률 13%   Pattern   8   Thema | 2023.7·기하 29번|

교과서적 **해법 1**

두 점 C, D의 위치를 결정하자. 두 점 모두 선분 AB가 지름인 원 위의 점이므로 $\angle ACB = \angle ADB = \frac{\pi}{2}$ 이다. 이는 $\overrightarrow{AB}$의 $\overrightarrow{AC}$ 위로의 정사영이 $\overrightarrow{AC}$, $\overrightarrow{AB}$의 $\overrightarrow{AD}$ 위로의 정사영이 $\overrightarrow{AD}$ 임을 뜻하므로 다음과 같이 계산할 수 있다.

$$\overrightarrow{AB} \cdot \overrightarrow{AC} = |\overrightarrow{AC}|^2 = 27 \quad \rightarrow \quad |\overrightarrow{AC}| = 3\sqrt{3}$$
$$\overrightarrow{AB} \cdot \overrightarrow{AD} = |\overrightarrow{AD}|^2 = 9 \quad \rightarrow \quad |\overrightarrow{AD}| = 3$$

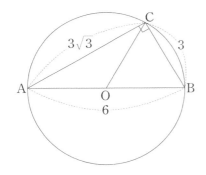

위의 그림과 같이 $|\overrightarrow{AC}| = 3\sqrt{3}$ 이 되도록 C를 먼저 결정하자.[1] $\overline{AB} = 6$ 이므로 △ABC 에서 피타고라스의 정리에 의해 $\overline{BC} = 3$ 이다. 따라서 △OBC 는 모든 변의 길이가 3인 정삼각형이므로 $\angle COB = \frac{\pi}{3}$ 임을 알 수 있다.

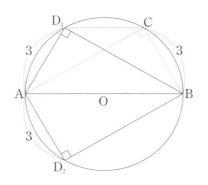

이제 $|\overrightarrow{AD}| = 3$인 원 위의 점 D를 찾아보면 위 그림과 같이 두 점 D_1, D_2가 가능하다. 이때 두 점 C, D_1은 선분 AB 의 수직이등분선에 대하여 대칭이므로 $\angle D_1OA = \frac{\pi}{3}$ 이다. 따라서

$$\angle COD_1 = \pi - \angle D_1OA - \angle COB = \frac{\pi}{3}$$

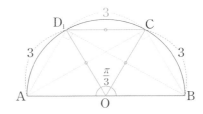

이고, 이는 △OCD_1이 한 변의 길이가 3인 정삼각형임을 뜻한다. 이는 주어진 조건 $\overline{CD} > 3$을 만족시키지 못하므로 D_2가 원하는 점 D이다.

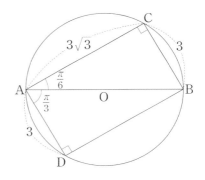

$$\angle CAD = \angle CAB + \angle DAB = \frac{\pi}{3} + \frac{\pi}{6} = \frac{\pi}{2}$$

이므로 □ADBC 가 두 변의 길이가 3, $3\sqrt{3}$ 인 직사각형임을 알 수 있다. 이제 □ADBC 에서 주어진 조건을 해석하자.

(가)조건에서 $\frac{3}{2}\overrightarrow{DP} = \overrightarrow{AB} + k\overrightarrow{BC}$ 이다. 이를 관찰하기 위해 벡터의 평행이동을 생각하자. $\overrightarrow{AB}$ 의 시점이 D 가 되도록 평행이동했을 때의 종점을 B′ 이라 하면

$$\overrightarrow{AB} + k\overrightarrow{BC} = \overrightarrow{DB'} + k\overrightarrow{BC}$$

이므로 $\overrightarrow{BC}$ 와 평행한 벡터 $k\overrightarrow{BC}$ 를 시점이 B' 이 되도록 그렸을 때의 종점이 $\overrightarrow{AB} + k\overrightarrow{BC} = \overrightarrow{DB'} + k\overrightarrow{BC}$ 의 종점이다.

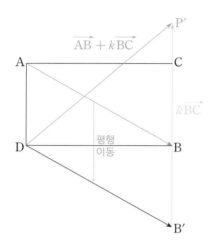

따라서 $\overrightarrow{DB'} + k\overrightarrow{BC}$ 의 종점은 직선 BC 위에 있음을 알 수 있다. 이 종점을 P' 이라 하자.

한편 점 P 는 선분 AC 위의 점이고 $\overrightarrow{DP'} = \dfrac{3}{2}\overrightarrow{DP}$ 이므로 두 선분 DP' 과 AC 의 교점이 P 임을 알 수 있다. 또한 $\overrightarrow{DP'}$ 의 크기는 $\overrightarrow{DP}$ 의 크기의 $\dfrac{3}{2}$ 배이므로

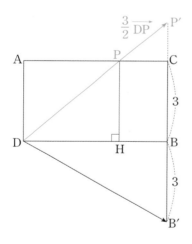

위 그림과 같이 점 P 에서 선분 BD 에 내린 수선의 발을 H 라 하면 $\triangle DPH \sim \triangle DP'B$ 이고 닮음비는 $2:3$ 이다. 따라서

$$\overline{P'B} = \dfrac{3}{2} \times \overline{BC} = \dfrac{9}{2} \quad \rightarrow \quad \overline{B'P'} = \dfrac{9}{2} + 3 = \dfrac{15}{2}$$

이다. 이때 $\overrightarrow{B'P'} = k\overrightarrow{BC}$ 이므로

$$|\overrightarrow{B'P'}| = k|\overrightarrow{BC}| \quad \rightarrow \quad \dfrac{15}{2} = 3k \quad \rightarrow \quad k = \dfrac{5}{2}$$

이다. 또한 닮음비를 다시 이용하면

$$\overline{AP} = \overline{DH} = \dfrac{2}{3}\overline{AC} = 2\sqrt{3}$$

으로 P 의 위치를 정확히 알 수 있다.

이제 (나)조건을 이용하여 점 Q 를 결정하자. 점 Q 에서 직선 BD 에 내린 수선의 발 Q' 를 핵심점으로 하여 벡터를 분해하자.

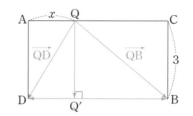

$$\begin{aligned}\overrightarrow{QB} \cdot \overrightarrow{QD} &= \left(\overrightarrow{QQ'} + \overrightarrow{Q'B}\right) \cdot \left(\overrightarrow{QQ'} + \overrightarrow{Q'D}\right) \\ &= |\overrightarrow{QQ'}|^2 + \overrightarrow{Q'B} \cdot \overrightarrow{Q'D} \quad (\because \ \overrightarrow{QQ'} \perp \overrightarrow{BD})\end{aligned}$$

$\overrightarrow{Q'B}$ 와 $\overrightarrow{Q'D}$ 는 방향이 반대이므로

$$\overrightarrow{Q'B} \cdot \overrightarrow{Q'D} = -|\overrightarrow{Q'B}||\overrightarrow{Q'D}|$$

이다. $\overline{AQ} = x$ 라 하면 $|\overrightarrow{Q'D}| = x$, $|\overrightarrow{Q'D}| = 3\sqrt{3} - x$ 이고 $|\overrightarrow{QQ'}| = 3$ 이므로

$$\begin{aligned}|\overrightarrow{QQ'}|^2 + \overrightarrow{Q'B} \cdot \overrightarrow{Q'D} &= 9 - x(3\sqrt{3} - x) = 3 \\ &\rightarrow \quad x^2 - 3\sqrt{3}\,x + 6 = 0 \\ &\rightarrow \quad (x - \sqrt{3})(x - 2\sqrt{3}) = 0 \\ &\rightarrow \quad x = \sqrt{3} \quad (\because \ P \neq Q \text{ 이므로 } x \neq 2\sqrt{3})\end{aligned}$$

이제 $\overrightarrow{AQ} \cdot \overrightarrow{DP}$ 를 계산하자. $\overrightarrow{DP}$ 의 $\overrightarrow{AQ}$ 위로의 정사영은 $\overrightarrow{AP}$ 이므로

$$\overrightarrow{AQ} \cdot \overrightarrow{DP} = \overrightarrow{AQ} \cdot \overrightarrow{AP} = |\overrightarrow{AQ}||\overrightarrow{AP}| = \sqrt{3} \cdot 2\sqrt{3} = 6$$

$$\therefore \ k \times \left(\overrightarrow{AQ} \cdot \overrightarrow{DP}\right) = \dfrac{5}{2} \times 6 = 15$$

[교과서적 해법1]의 직사각형 ADBC 를 찾은 부분에서 시작하자. 직사각형은 직각으로 이루어진 도형이므로 좌표평면을 도입해 보자. 점 D 가 원점이 되고 반직선 DB 를 x 축의 양의 방향으로 하면 다음과 같다.

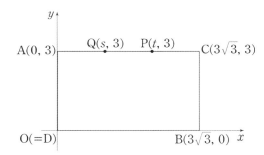

(가)조건에서

$$\overrightarrow{AB} = \overrightarrow{OB} - \overrightarrow{OA} = (3\sqrt{3}, 0) - (0, 3) = (3\sqrt{3}, -3)$$
$$\overrightarrow{BC} = \overrightarrow{OA} = (0, 3)$$

이고 P(t, 3) 으로 두면 $\frac{3}{2}\overrightarrow{DP} = \overrightarrow{AB} + k\overrightarrow{BC}$ 에서

$$\frac{3}{2}\overrightarrow{DP} = \frac{3}{2}(t, 3) = \left(\frac{3}{2}t, \frac{9}{2}\right)$$
$$\overrightarrow{AB} + k\overrightarrow{BC} = (3\sqrt{3}, -3) + k(0, 3) = (3\sqrt{3}, 3k-3)$$
$$\Downarrow$$
$$\frac{3}{2}t = 3\sqrt{3}, \quad \frac{9}{2} = 3k-3 \quad \rightarrow \quad t = 2\sqrt{3}, \quad k = \frac{5}{2}$$

이다. 마찬가지로 (나)조건에서 Q(s, 3) ($s \neq 2\sqrt{3}$)으로 두면

$$\overrightarrow{QB} \cdot \overrightarrow{QD} = (\overrightarrow{OB} - \overrightarrow{OQ}) \cdot (-\overrightarrow{OQ})$$
$$= (3\sqrt{3} - s, -3) \cdot (-s, -3)$$
$$= s^2 - 3\sqrt{3}s + 9 = 3$$
$$\Downarrow$$
$$(s - \sqrt{3})(s - 2\sqrt{3}) = 0 \quad \rightarrow \quad s = \sqrt{3} \ (\because \ s \neq 2\sqrt{3})$$

이다. P($2\sqrt{3}$, 3), Q($\sqrt{3}$, 3) 이므로

$$\overrightarrow{AQ} \cdot \overrightarrow{DP} = (\overrightarrow{OQ} - \overrightarrow{OA}) \cdot \overrightarrow{OP} = (\sqrt{3}, 0) \cdot (2\sqrt{3}, 3)$$
$$= \sqrt{3} \cdot 2\sqrt{3} + 0$$
$$= 6$$

$$\therefore \ k \times (\overrightarrow{AQ} \cdot \overrightarrow{DP}) = \frac{5}{2} \times 6 = 15$$

---

1) 점 C 가 직선 AB 의 아랫부분에 있을 수도 있다. 그러나 주어진 조건 $\overline{CD} > 3$ 을 보면, 점 C 의 위치에 맞춰 점 D 의 위치가 상대적으로 결정될 것으로 예상할 수 있으므로 가장 먼저 정하는 점 C 의 위치는 어디에 있든 상관이 없다.

반대로 점 D 를 먼저 결정하여 풀고 싶다면 D 는 직선 AB 의 위, 아랫부분 중 아무 곳에나 정하고 조건을 이용하여 C 의 위치를 찾으면 된다.

정답 15

D·16
CHALLENGE   정답률 18%   Pattern   8   Thema
| 2021.7·기하 30번 |

선분 AB 의 중점을 M 이라 하고 이 점을 핵심점으로 두면

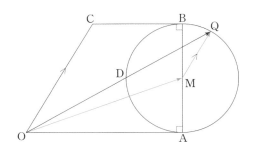

$$\overrightarrow{OC} \cdot \overrightarrow{OP} = \overrightarrow{OC} \cdot (\overrightarrow{OM} + \overrightarrow{MP}) = \overrightarrow{OC} \cdot \overrightarrow{OM} + \overrightarrow{OC} \cdot \overrightarrow{MP}$$

이때 $\overrightarrow{OC} \cdot \overrightarrow{OM}$ 은 상수이므로 $\overrightarrow{OC} \cdot \overrightarrow{MP}$ 의 값이 최대가 되도록 하는 점 P 가 점 Q 이다. 즉, $\overrightarrow{OC} \parallel \overrightarrow{MQ}$ 이다. $\overrightarrow{DQ} \cdot \overrightarrow{AR}$ 도 마찬가지 방법으로 분해하면

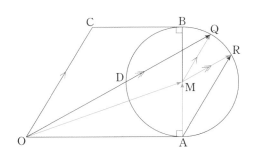

$$\overrightarrow{DQ} \cdot \overrightarrow{AR} = \overrightarrow{DQ} \cdot (\overrightarrow{AM} + \overrightarrow{MR}) = \overrightarrow{DQ} \cdot \overrightarrow{AM} + \overrightarrow{DQ} \cdot \overrightarrow{MR}$$

이고 $\overrightarrow{DQ} \cdot \overrightarrow{AM}$ 은 상수이므로 $\overrightarrow{DQ} \cdot \overrightarrow{MR}$ 가 최대인 상황을 찾으면 된다. 따라서 $\overrightarrow{DQ} \parallel \overrightarrow{MR}$ 일 때 $\overrightarrow{DQ} \cdot \overrightarrow{AR}$ 가 최댓값을 가진다. 이때 두 직선 OA, MQ 가 만나는 점을 E 라 하면 $\overrightarrow{OC} \parallel \overrightarrow{EM}$ 이므로 $\angle AEM = \frac{\pi}{3}$ 이고 $\overline{AM} = 2$ 이므로

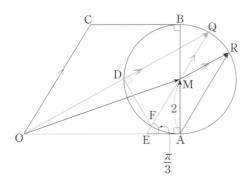

$$\overline{AE} = \frac{\overline{AM}}{\tan \frac{\pi}{3}} = \frac{2\sqrt{3}}{3}, \quad \overline{EM} = \frac{\overline{AM}}{\sin \frac{\pi}{3}} = \frac{4\sqrt{3}}{3}$$

$$\Downarrow$$

$$\overline{OE} = \overline{OA} - \overline{AE} = 2 + \frac{4\sqrt{3}}{3}$$

$$\overline{EQ} = \overline{EM} + \overline{MQ} = 2 + \frac{4\sqrt{3}}{3}$$

따라서 △OEQ는 이등변삼각형이다. 이제 $\overrightarrow{DQ} \cdot \overrightarrow{AR}$ 의 최댓값을 구해보자. 원과 직선 EQ가 만나는 점 중 점 Q가 아닌 점을 F라 하면 선분 FQ는 원의 지름이므로 $\angle FDQ = \frac{\pi}{2}$ 이다. 이때 $\angle QOE = \angle OQE = \frac{\pi}{6}$ 이므로

$$|\overrightarrow{DQ}| = \overline{FQ} \cdot \cos(\angle OQE) = 2\sqrt{3}$$

$\angle BMR = \frac{\pi}{3}$ 이므로

$$\begin{aligned}
\overrightarrow{DQ} \cdot \overrightarrow{AR} &= \overrightarrow{DQ} \cdot \overrightarrow{AM} + \overrightarrow{DQ} \cdot \overrightarrow{MR} \\
&= |\overrightarrow{DQ}| \cdot |\overrightarrow{AM}| \cdot \cos(\angle BMR) + |\overrightarrow{DQ}| \cdot |\overrightarrow{MR}| \\
&= 2\sqrt{3} \cdot 2 \cdot \frac{1}{2} + 2\sqrt{3} \cdot 2 \\
&= 6\sqrt{3}
\end{aligned}$$

$$\therefore M = 6\sqrt{3} \quad \rightarrow \quad M^2 = 108$$

정답   108

D·17
CHALLENGE   정답률 10%   Pattern   8   Thema

| 2019.7·가 29번 |

교과서적 해법

세 점 A, B, C가 반지름의 길이가 1인 원 위의 점이므로

$$|\overrightarrow{OA}| = |\overrightarrow{OB}| = |\overrightarrow{OC}| = 1$$

이다. 문제에 $\overrightarrow{OA} \cdot \overrightarrow{OB}$ 와 관련된 조건이 있으므로 주어진 식에서 양변에 $3\overrightarrow{OC}$ 를 빼고 양변을 제곱하면

$$\begin{aligned}
&(x\overrightarrow{OA} + 5\overrightarrow{OB})^2 = (-3\overrightarrow{OC})^2 \\
&\rightarrow \quad x^2|\overrightarrow{OA}|^2 + 10x(\overrightarrow{OA} \cdot \overrightarrow{OB}) + 25|\overrightarrow{OB}|^2 = 9|\overrightarrow{OC}|^2 \\
&\rightarrow \quad x^2 + 10x(\overrightarrow{OA} \cdot \overrightarrow{OB}) + 25 = 9 \\
&\rightarrow \quad \overrightarrow{OA} \cdot \overrightarrow{OB} = -\frac{x^2 + 16}{10x} = -\frac{1}{10}\left(x + \frac{16}{x}\right)
\end{aligned}$$

$x > 0$ 이므로 산술평균과 기하평균의 대소 관계를 이용하면

$$\begin{aligned}
&x + \frac{16}{x} \geq 2\sqrt{x \times \frac{16}{x}} \quad \text{(등호는 } x = 4 \text{일 때 성립)} \\
&\rightarrow \quad -\frac{1}{10}\left(x + \frac{16}{x}\right) \leq -\frac{2}{10}\sqrt{x \times \frac{16}{x}}
\end{aligned}$$

따라서 $x = 4$ 일 때 $\overrightarrow{OA} \cdot \overrightarrow{OB}$ 는 최댓값 $-\frac{4}{5}$ 를 가진다. 이때의 $\angle AOB = \theta$ 라 하면

$$\begin{aligned}
&\overrightarrow{OA} \cdot \overrightarrow{OB} \leq |\overrightarrow{OA}||\overrightarrow{OB}|\cos\theta = -\frac{4}{5} \\
&\rightarrow \quad \cos\theta = -\frac{4}{5}, \quad \sin\theta = \frac{3}{5} \\
&\rightarrow \quad (\triangle OAB \text{의 넓이}) = \frac{1}{2}\overline{OA} \times \overline{OB} \times \sin\theta = \frac{3}{10}
\end{aligned}$$

이때, $x\overrightarrow{OA} + 5\overrightarrow{OB} + 3\overrightarrow{OC} = \vec{0}$ 에서 $x = 4$ 이므로

$$\begin{aligned}
4\overrightarrow{OA} + 5\overrightarrow{OB} + 3\overrightarrow{OC} = \vec{0} &\rightarrow 4\overrightarrow{OA} + 5\overrightarrow{OB} = -3\overrightarrow{OC} \\
&\rightarrow \overrightarrow{OC} = -3 \times \frac{4\overrightarrow{OA} + 5\overrightarrow{OB}}{9}
\end{aligned}$$

이다. 따라서 두 점 A, B의 5:4 내분점을 P라 하면 $\overrightarrow{OC} = -3\overrightarrow{OP}$ 이므로 △ABC의 넓이는 △OAB의 넓이의 4배이다.

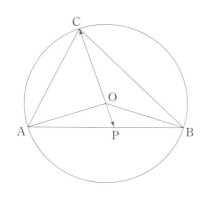

따라서

$$(\triangle ABC \text{ 의 넓이}) = 4 \times (\triangle OAB \text{ 의 넓이}) = \frac{6}{5}$$

$$\therefore \ S = \frac{6}{5} \ \rightarrow \ 50S = 60$$

정답   60

D·18

CHALLENGE   정답률 9% | 2018.7·가 29번 |

Pattern   8   Thema

교과서적   해법

(가)조건에 의해 두 직선 PQ, QR 은 서로 평행하고, k 가 양수이므로 두 점 P, R 사이에 점 Q 가 있다는 것을 알 수 있다. 이제 (나)조건에서 $\overrightarrow{PQ} \cdot \overrightarrow{AR} = 0$ 을 보자. 두 점 P, Q 가 서로 다르므로 $\overrightarrow{PQ} \neq \vec{0}$ 이고, 점 A 는 원 C_2 바깥에 위치한 점이므로 $\overrightarrow{AR} \neq \vec{0}$ 이다. 따라서

$$\overrightarrow{PQ} \cdot \overrightarrow{AR} = 0 \ \rightarrow \ \overrightarrow{PQ} \perp \overrightarrow{AR}$$

이다. (나)조건에서 $\overline{PQ} : \overline{AR} = 2 : \sqrt{6}$ 이므로 양수 a 에 대하여 $\overline{PQ} = 2a$, $\overline{AR} = \sqrt{6}\,a$ 라 하면 (가)조건에 의해 $\overline{QR} = 2ka$ 이다. 또한 점 O 에서 직선 PQ 에 내린 수선의 발을 H 라 하면 $\overline{PH} = \overline{QH} = a$ 이다.

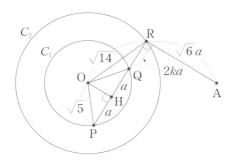

따라서

$$\overline{OH}^2 = \overline{OP}^2 - \overline{PH}^2 = 5 - a^2$$

$$\overline{OH}^2 = \overline{OR}^2 - \overline{HR}^2 = 14 - (a+2ka)^2$$

이므로 이 식을 정리하면

$$5 - a^2 = 14 - (a+2ka)^2 \ \rightarrow \ (a+2ka)^2 = a^2 + 9 \ \cdots \ \bigcirc$$

또한 점 O 에서 직선 AR 에 내린 수선의 발을 O′ 이라 하면

$$\overline{O'R} = \overline{OH} = \sqrt{5-a^2}$$

$$\overline{OO'} = \overline{HR} = a + 2ka$$

이므로

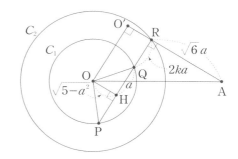

$$\begin{aligned}
\overline{OA}^2 &= \overline{O'A}^2 + \overline{OO'}^2 \\
&= (\overline{O'R} + \overline{RA})^2 + \overline{OO'}^2 \\
&= \left(\sqrt{5-a^2} + \sqrt{6}\,a\right)^2 + (a+2ka)^2 \\
&= 5 - a^2 + 6a^2 + 2a\sqrt{30-6a^2} + a^2 + 9 \ (\because \ \bigcirc) \\
&= 14 + 6a^2 + 2a\sqrt{30-6a^2}
\end{aligned}$$

문제에서 $\overline{OA} = 2\sqrt{11}$ 이라 했으므로

$$\overline{OA}^2 = 14 + 6a^2 + 2a\sqrt{30-6a^2} = 44$$

$$\rightarrow \ a\sqrt{30-6a^2} = 15 - 3a^2$$

양변을 제곱하면

$$a^2(30-6a^2) = 9a^4 - 90a^2 + 15^2$$

$$\rightarrow \ 15a^4 - 120a^2 + 15^2 = 0$$

$$\rightarrow \ a^4 - 8a^2 + 15 = 0$$

$$\rightarrow \ (a^2-3)(a^2-5) = 0$$

$$\rightarrow \ a = \sqrt{3} \ \text{또는} \ a = \sqrt{5}$$

점 S 에서 직선 AR 에 내린 수선의 발을 S′ 이라 하면

$$\overrightarrow{\text{AR}} \cdot \overrightarrow{\text{AS}} = |\overrightarrow{\text{AR}}||\overrightarrow{\text{AS'}}|$$

이다. 이때, $|\overrightarrow{\text{AR}}||\overrightarrow{\text{AS'}}|$의 값은 그림과 같이 직선 SS'이 원 C_1과 접할 때 최소 또는 최대임을 알 수 있다.

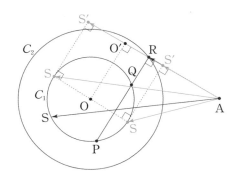

이제 a의 값에 따른 $|\overrightarrow{\text{AR}}||\overrightarrow{\text{AS'}}|$의 최댓값과 최솟값을 구해보자. 우선 $a = \sqrt{3}$일 때를 보자.

$$\overrightarrow{\text{AR}} = \sqrt{6}\,a = 3\sqrt{2}$$
$$\overrightarrow{\text{RO'}} = \sqrt{5-a^2} = \sqrt{2}$$
$$\overrightarrow{\text{AO'}} = 4\sqrt{2}$$
$$\overrightarrow{\text{O'S'}} = \overrightarrow{\text{OS}} = \sqrt{5}$$

이므로 $|\overrightarrow{\text{AR}}||\overrightarrow{\text{AS'}}|$의 최댓값은

$$|\overrightarrow{\text{AR}}||\overrightarrow{\text{AS'}}| = |\overrightarrow{\text{AR}}|(|\overrightarrow{\text{AO'}}|+|\overrightarrow{\text{O'S'}}|) = 3\sqrt{2}(4\sqrt{2}+\sqrt{5})$$
$$= 24+3\sqrt{10}$$

이고, 최솟값은

$$|\overrightarrow{\text{AR}}||\overrightarrow{\text{AS'}}| = |\overrightarrow{\text{AR}}|(|\overrightarrow{\text{AO'}}|-|\overrightarrow{\text{O'S'}}|) = 3\sqrt{2}(4\sqrt{2}-\sqrt{5})$$
$$= 24-3\sqrt{10}$$

이다. 이제 $a = \sqrt{5}$일 때를 보자. $a = \sqrt{5}$이면 a는 원 C_1의 반지름의 길이와 같다. 즉, 선분 PQ는 원 C_1의 지름이고, 점 O에서 직선 AR에 내린 수선의 발은 점 R이다.

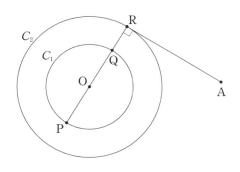

이때, 문제에서 $\dfrac{\pi}{2} < \angle\text{ORA} < \pi$라 했으므로 $a = \sqrt{5}$일 때의 상황은 주어진 조건과 맞지 않다. 따라서

$$M = 24+3\sqrt{10}, \quad m = 24-3\sqrt{10}$$

$$\therefore Mm = 576-90 = 486$$

정답 > 486

D·19
CHALLENGE | 2018.사관·가 29번 |
Pattern   8   Thema

교과서적 해법 1

점 P가 원 O 위의 점이므로 $\overrightarrow{\text{AP}} \cdot \overrightarrow{\text{AQ}}$를 원 O의 중심을 핵심점으로 분해해 보자. 원 O의 중심을 O라 하면

$$\overrightarrow{\text{AP}} \cdot \overrightarrow{\text{AQ}} = (\overrightarrow{\text{AO}}+\overrightarrow{\text{OP}}) \cdot \overrightarrow{\text{AQ}} = \overrightarrow{\text{AO}} \cdot \overrightarrow{\text{AQ}}+\overrightarrow{\text{OP}} \cdot \overrightarrow{\text{AQ}}$$

이때, 점 P는 원 O 위의 점이므로 임의의 Q에 대하여 $\overrightarrow{\text{OP}} \cdot \overrightarrow{\text{AQ}}$는 두 벡터 $\overrightarrow{\text{OP}}$와 $\overrightarrow{\text{AQ}}$의 방향이 같을 때 최대, 두 벡터 $\overrightarrow{\text{OP}}$와 $\overrightarrow{\text{AQ}}$의 방향이 반대일 때 최소이다.

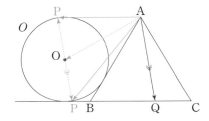

따라서 $\overrightarrow{\text{AP}} \cdot \overrightarrow{\text{AQ}}$의 값은 $\overrightarrow{\text{AO}} \cdot \overrightarrow{\text{AQ}}$가 최대이고 두 벡터 $\overrightarrow{\text{OP}}$와 $\overrightarrow{\text{AQ}}$의 방향이 같을 때 최대, $\overrightarrow{\text{AO}} \cdot \overrightarrow{\text{AQ}}$가 최소이고 두 벡터 $\overrightarrow{\text{OP}}$와 $\overrightarrow{\text{AQ}}$의 방향이 반대일 때 최소이다.

이때 점 Q에서 직선 AO에 내린 수선의 발을 Q'이라 하면 그림과 같이

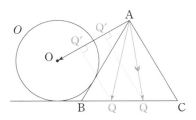

$$\overrightarrow{\text{AO}} \cdot \overrightarrow{\text{AQ}} = |\overrightarrow{\text{AO}}| \times |\overrightarrow{\text{AQ'}}|$$

이므로 $\overrightarrow{\text{AO}} \cdot \overrightarrow{\text{AQ}}$의 값은 점 Q가 점 B에 위치할 때 최대, 점 Q가 점 C에 위치할 때 최소이다.

$\overrightarrow{AP} \cdot \overrightarrow{AQ}$ 의 최댓값을 먼저 구해보자. 점 Q가 점 B에 위치하고 두 벡터 $\overrightarrow{OP}$와 $\overrightarrow{AQ}$의 방향이 같은 상황이다. 점 O에서 직선 BC에 내린 수선의 발을 H라 하고, 두 점 O, P에서 직선 AB에 내린 수선의 발을 각각 O′, P′이라 하면

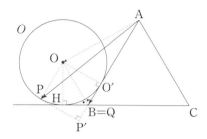

$$\overline{OO'}=1, \ \angle OQH = \angle OQO' = \frac{\pi}{3} \quad \rightarrow \quad \overline{BO'} = \frac{\sqrt{3}}{3}$$

$$\overline{AO'} = \overline{AB} - \overline{BO'} = 2 - \frac{\sqrt{3}}{3}$$

이다. 따라서

$$\begin{aligned} (\overrightarrow{AP} \cdot \overrightarrow{AQ} \text{ 의 최댓값}) &= \overrightarrow{AO} \cdot \overrightarrow{AB} + \overrightarrow{OP} \cdot \overrightarrow{AB} \\ &= |\overrightarrow{AO'}| \cdot |\overrightarrow{AB}| + |\overrightarrow{O'P'}| \cdot |\overrightarrow{AB}| \\ &= \left(2 - \frac{\sqrt{3}}{3}\right) \times 2 + 1 \times 2 \\ &= 6 - \frac{2\sqrt{3}}{3} \end{aligned}$$

이제 $\overrightarrow{AP} \cdot \overrightarrow{AQ}$ 의 최솟값을 구해보자. 점 Q가 점 C에 위치하고 두 벡터 $\overrightarrow{OP}$와 $\overrightarrow{AQ}$의 방향이 서로 반대인 상황이다.

$$\overrightarrow{OP} /\!/ \overrightarrow{AC}, \ \angle OBH = \angle BCA = \frac{\pi}{3} \quad \rightarrow \quad \overline{OB} /\!/ \overline{AC}$$

따라서 두 직선 OP와 OB는 서로 같은 직선인 것을 알 수 있다. 이번에는 그림과 같이 점 O, 점 P, 점 B에서 직선 AC 위에 내린 수선의 발을 각각 O′, P′, B′이라 하자.

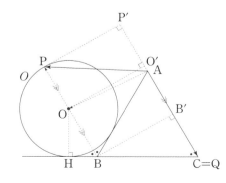

□OBB′O′은 직사각형이므로 $\overline{OB} = \overline{O'B'}$ 이다. 이때,

$$\overline{OB}\sin\frac{\pi}{3} = \overline{OH} = 1 \quad \rightarrow \quad \overline{OB} = \frac{2\sqrt{3}}{3}$$

$$\Downarrow$$

$$\overline{AO'} = \overline{O'B'} - \overline{AB'} = \frac{2\sqrt{3}}{3} - 1$$

이다. 따라서

$$\begin{aligned} (\overrightarrow{AP} \cdot \overrightarrow{AQ} \text{ 의 최솟값}) &= \overrightarrow{AO} \cdot \overrightarrow{AC} + \overrightarrow{OP} \cdot \overrightarrow{AC} \\ &= -|\overrightarrow{AO'}||\overrightarrow{AC}| - |\overrightarrow{O'P'}||\overrightarrow{AC}| \\ &= -\left(\frac{2\sqrt{3}}{3} - 1\right) \times 2 - 1 \times 2 \\ &= -\frac{4\sqrt{3}}{3} \end{aligned}$$

$$\Downarrow$$

$$a + b\sqrt{3} = \left(6 - \frac{2\sqrt{3}}{3}\right) + \left(-\frac{4\sqrt{3}}{3}\right) = 6 - 2\sqrt{3}$$

$$\rightarrow \quad a = 6, \ b = 2$$

$$\therefore \ a^2 + b^2 = 6^2 + 2^2 = 40$$

교과서적 해법 2

[교과서적 해법1]에서 $\overrightarrow{AP} \cdot \overrightarrow{AQ}$ 의 값이 점 Q가 점 B일 때 최대, 점 Q가 점 C일 때 최소인 것을 알고 나서 좌표로 대입하여 해결해 보자.

△ABC와 원 O가 직선 BC 위에 있고, △ABC가 정삼각형이므로 선분 BC의 중점 M이 원점이고 직선 BC가 x축인 좌표평면을 그리면

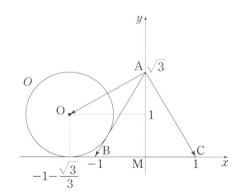

$$A(0, \sqrt{3}), \ B(-1, 0), \ C(1, 0), \ O\left(-1-\frac{\sqrt{3}}{3}, 1\right)$$

$$\rightarrow \quad \overrightarrow{AB} = (-1, -\sqrt{3}), \ \overrightarrow{AC} = (1, -\sqrt{3}),$$

$$\overrightarrow{AO} = \left(-1-\frac{\sqrt{3}}{3}, 1-\sqrt{3}\right)$$

이다. 따라서

$(\overrightarrow{AP} \cdot \overrightarrow{AQ}$ 의 최댓값$)$

$= \overrightarrow{AO} \cdot \overrightarrow{AB} + \overrightarrow{OP} \cdot \overrightarrow{AB}$

$= \left(-1 - \dfrac{\sqrt{3}}{3}, \ 1 - \sqrt{3} \right) \cdot (-1, \ -\sqrt{3}) + |\overrightarrow{OP}||\overrightarrow{AB}|$

$= \left(1 + \dfrac{\sqrt{3}}{3} - \sqrt{3} + 3 \right) + 2$

$= 6 - \dfrac{2\sqrt{3}}{3}$

$(\overrightarrow{AP} \cdot \overrightarrow{AQ}$ 의 최솟값$)$

$= \overrightarrow{AO} \cdot \overrightarrow{AC} + \overrightarrow{OP} \cdot \overrightarrow{AC}$

$= \left(-1 - \dfrac{\sqrt{3}}{3}, \ 1 - \sqrt{3} \right) \cdot (1, \ -\sqrt{3}) - |\overrightarrow{OP}||\overrightarrow{AC}|$

$= \left(-1 - \dfrac{\sqrt{3}}{3} - \sqrt{3} + 3 \right) - 2$

$= -\dfrac{4\sqrt{3}}{3}$

$\therefore \ a + b\sqrt{3} = 6 - 2\sqrt{3}$

정답 ▶ 40

D·20 ▪▪▪▪▫▫▫ | 2015.사관·B 29번 |
Pattern   8   Thema

교과서적 해법

먼저 문제의 주어진 그림에서 $\overrightarrow{AB} \cdot \overrightarrow{CX}$ 를 정사영을 활용하여 해석해 보자. 두 점 C, X 에서 직선 AB 에 내린 수선의 발을 각각 C', X' 이라 하면 그림과 같이 직선 XX' 이 원 O 와 접할 때 $\overrightarrow{AB} \cdot \overrightarrow{CX}$ 의 값이 최대임을 알 수 있다.

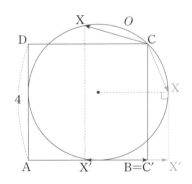

따라서 원 O 의 반지름의 길이만 알면 된다. 원 O 의 중심을 O, 원 O 의 반지름의 길이를 r, 두 변 AB, AD 와 원 O 의 접점을 각각 E, F 라 하면 다음 그림과 같다.

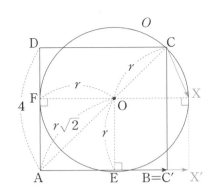

$\overline{OE} = \overline{OF} = \overline{OC} = r, \quad \overline{OA} = r\sqrt{2}$

이때, 정사각형 ABCD 의 한 변의 길이가 4 이므로

$\overline{AC} = \overline{OA} + \overline{OC} = r + r\sqrt{2} = 4\sqrt{2}$

$\rightarrow \ r = \dfrac{4\sqrt{2}}{1 + \sqrt{2}} = 4\sqrt{2}(\sqrt{2} - 1)$

따라서

$\overline{C'X'} = \overline{AX'} - \overline{AB} = 2r - 4 = 8\sqrt{2}(\sqrt{2} - 1) - 4$

$\qquad\qquad = 12 - 8\sqrt{2}$

$(\overrightarrow{AB} \cdot \overrightarrow{CX}$ 의 최댓값$) = |\overrightarrow{AB}||\overrightarrow{C'X'}| = 4(12 - 8\sqrt{2})$

$\qquad\qquad\qquad\qquad\qquad = 48 - 32\sqrt{2}$

$\therefore \ a = 48, \ b = 32 \ \rightarrow \ a + b = 80$

정답 ▶ 80

D·21 ▪▪▪▪▫▫ | 2025.사관·기하 30번 |
Pattern   9   Thema

교과서적 해법

주어진 조건으로부터 점 C 의 위치를 찾아보자.

(가)조건의 $|\overrightarrow{AC}| = 4$, (나)조건의 $\overrightarrow{OA} \cdot \overrightarrow{AC} = 0$ 을 해석하면 다음을 알 수 있다.

$|\overrightarrow{AC}| = 4$

⇔ 점 C 는 점 A 를 중심으로 하고 반지름의 길이가 4인 원 O_1 위의 점

$\overrightarrow{OA} \cdot \overrightarrow{AC} = 0$

⇔ 점 C 는 직선 OA 와 수직이고 점 A 를 지나는 직선 l 위의 점

72

이므로 점 C 는 원 O_1 과 직선 l 이 만나는 점 중 하나이다. 이때 (나)조건에서 $\overrightarrow{AB} \cdot \overrightarrow{AC} > 0$ 이라 했으므로 $\overrightarrow{AB}$, $\overrightarrow{AC}$ 가 이루는 각은 예각이어야 한다. 따라서 아래 그림과 같이 원 O_1 과 직선 l 의 두 교점 중 직선 AB 아래에 있는 점이 C 임을 알 수 있다.

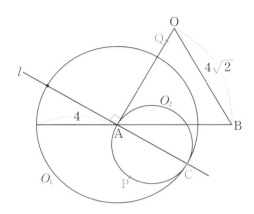

그리고 점 P 에 대한 조건을 해석해 보면 다음과 같다.

$$(\overrightarrow{OP} - \overrightarrow{OC}) \cdot (\overrightarrow{OP} - \overrightarrow{OA}) = 0$$
$$\Leftrightarrow \overrightarrow{CP} \cdot \overrightarrow{AP} = 0$$
$$\Leftrightarrow \text{점 P 는 선분 AC 를 지름으로 하는 원 } O_2 \text{ 위의 점}$$

즉, 정삼각형 OAB 의 변 위를 움직이는 점 Q 와 함께 상황을 정리하여 그리면 위 그림과 같다.

$|\overrightarrow{OP} + \overrightarrow{OQ}|$ 의 최댓값과 최솟값을 구하기 위하여 $\overrightarrow{OR} = \overrightarrow{OP} + \overrightarrow{OQ}$ 를 만족시키는 점 R 이 나타내는 도형을 구해 보자. 원 O_2 의 중심 O' 을 핵심점으로 하여 $\overrightarrow{OP}$ 를 분해하면

$$\overrightarrow{OP} = \overrightarrow{OO'} + \overrightarrow{O'P} \quad \rightarrow \quad \overrightarrow{OP} + \overrightarrow{OQ} = \overrightarrow{OO'} + \overrightarrow{O'P} + \overrightarrow{OQ}$$

이다. 원 O_2 의 지름인 선분 AC 의 길이가 4이므로 원 O_2 의 반지름의 길이는 2이다. 즉, $\overrightarrow{O'P}$ 는 크기가 2로 고정되어 있고 방향이 자유로운 벡터이므로 $\overrightarrow{OO'} + \overrightarrow{O'P} + \overrightarrow{OQ}$ 에서 $\overrightarrow{O'P}$ 를 마지막에 해석하는 것이 간편할 것이다. 따라서 먼저 $\overrightarrow{OS} = \overrightarrow{OO'} + \overrightarrow{OQ}$ 를 만족시키는 점 S 이 나타내는 도형을 찾아보자.

$\overrightarrow{OQ}$ 의 시점을 점 O' 으로 평행이동시켜 삼각형법을 활용하면 점 S 가 나타내는 도형은 다음 그림과 같이 정삼각형 OAB 를 점 O 와 점 O' 이 일치하도록 평행이동시킨 것임을 알 수 있다. 평행이동된 점 A 를 A', 평행이동된 점 B 를 B' 이라 하자.

이제 점 R 이 나타내는 도형을 그려 보자.

$$\overrightarrow{OR} = \overrightarrow{OO'} + \overrightarrow{O'P} + \overrightarrow{OQ} = \overrightarrow{OS} + \overrightarrow{O'P}$$

이므로 $\overrightarrow{O'P}$ 의 시점을 점 S 가 되도록 평행이동시키면 그 종점이 점 R 이다. 즉, 점 S 를 중심으로 하고 반지름의 길이가 2인 원을 그리고 점 S 를 정삼각형 $O'A'B'$ 의 변 위를 따라 움직일 때 원이 지나는 영역이 점 R 이 나타내는 도형이다.

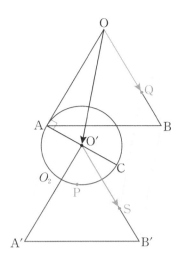

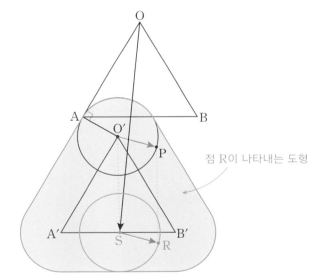

점 R 이 나타내는 도형

그림에서

$$|\overrightarrow{OP} + \overrightarrow{OQ}| = |\overrightarrow{OR}| = |\overrightarrow{OS} + \overrightarrow{SR}| \quad \cdots \text{ Ⓐ}$$

의 값이 최대가 되는 상황과 최소가 되는 상황을 생각해 보자.

먼저 $\overrightarrow{SR}$ 은 크기가 2로 고정되어 있고 방향이 자유로운 벡터이므로 $\overrightarrow{OS}$ 의 크기가 최대일 때 $\overrightarrow{SR}$ 를 같은 방향으로 잡아주면 Ⓐ의 값이 최대가 되고, $\overrightarrow{OS}$ 의 크기가 최소일 때 $\overrightarrow{SR}$ 를 반대 방향으로 잡아주면 Ⓐ의 값이 최소가 됨을 알 수 있다.

그림으로부터 $\overrightarrow{\text{OS}}$ 의 크기는 점 S가 A'일 때 최대가 되고,[1] 점 O'일 때 최소가 됨을 알 수 있다. 즉, 최대·최소는 아래 그림과 같은 상황일 때 나타난다.

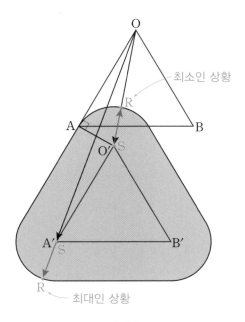

최댓값을 구하기 위하여 먼저 $|\overrightarrow{\text{OA}'}|$ 의 값을 구해 보자.

$$\overrightarrow{\text{OA}'} = \overrightarrow{\text{OA}} + \overrightarrow{\text{AO}'} + \overrightarrow{\text{O}'\text{A}'}$$

이므로 $\overrightarrow{\text{O}'\text{A}'}$ 의 시점 O'이 점 A가 되도록 평행이동시키고 $\overrightarrow{\text{AO}'}$ 의 종점 O'이 점 A'이 되도록 평행이동시키면 아래 그림과 같이

$$\overrightarrow{\text{OA}'} = \overrightarrow{\text{OA}} + \overrightarrow{\text{AX}} + \overrightarrow{\text{XA}'}$$

임을 알 수 있다. (점 X는 $\overrightarrow{\text{O}'\text{A}'}$ 의 시점 O'이 점 A가 되도록 평행이동시킨 벡터의 종점이다.)

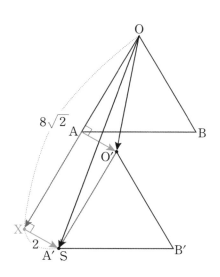

이때 $\triangle \text{OXA}'$ 은

$$\overline{\text{OX}} = 2 \times \overline{\text{OA}} = 8\sqrt{2}, \quad \overline{\text{XA}'} = 2, \quad \angle \text{OXA}' = \frac{\pi}{2}$$

인 직각삼각형이므로 피타고라스의 정리에 의하여

$$\overline{\text{OA}'} = \sqrt{\overline{\text{OX}}^2 + \overline{\text{XA}'}^2} = \sqrt{(8\sqrt{2})^2 + 2^2} = 2\sqrt{33}$$

따라서 $|\overrightarrow{\text{OA}'}| = 2\sqrt{33}$ 이고, $|\overrightarrow{\text{SR}}| = 2$ 인 $\overrightarrow{\text{SR}}$ 을 $\overrightarrow{\text{OA}'}$ 과 같은 방향으로 잡을 때 Ⓐ가 최대가 되므로

$$(\text{Ⓐ의 최댓값}) = 2\sqrt{33} + 2$$

마지막으로 최솟값을 구하기 위하여 먼저 $|\overrightarrow{\text{OO}'}|$ 의 값을 구하자. $\triangle \text{OAO}'$ 이

$$\overline{\text{OA}} = 4\sqrt{2}, \quad \overline{\text{AO}'} = 2, \quad \angle \text{OAO}' = \frac{\pi}{2}$$

인 직각삼각형이므로 피타고라스의 정리에 의하여

$$\overline{\text{OO}'} = \sqrt{\overline{\text{OA}}^2 + \overline{\text{AO}'}^2} = \sqrt{(4\sqrt{2})^2 + 2^2} = 6$$

따라서 $|\overrightarrow{\text{OO}'}| = 6$ 이고, $|\overrightarrow{\text{SR}}| = 2$ 인 $\overrightarrow{\text{SR}}$ 을 $\overrightarrow{\text{OA}'}$ 과 반대 방향으로 잡을 때 Ⓐ가 최소가 되므로

$$(\text{Ⓐ의 최솟값}) = 6 - 2 = 4$$

$\therefore (\text{최댓값과 최솟값의 합}) = (2\sqrt{33} + 2) + 4$
$$= 2\sqrt{33} + 6$$
$\rightarrow \ p = 2, \quad q = 6$
$\rightarrow \ p^2 + q^2 = 2^2 + 6^2 = 40$

✅ CHECK **각주**   해설 본문의 각주

1) Ⓐ의 값이 최대인 상황이 '점 S가 점 B'인 상황'은 아닌지 헷갈릴 수 있다. 그러나 삼각형 O'A'B'이 점 O를 기준으로 하여 왼쪽에 있기 때문에 점 S가 점 B'인 상황보다는 점 S가 점 A'인 상황에 $|\overrightarrow{\text{OS}}|$ 의 값이 더 커지게 된다.

D·22

| 2024.10·기하 28번 |

교과서적 해법

먼저 (가)조건에서 주어진 $|\overrightarrow{AX}|=2$로부터 점 X는 점 A를 중심으로 하고 반지름의 길이가 2인 원 위의 점임을 알 수 있다. 이때, $\overline{AB}=\sqrt{2}$ 이므로 점 B는 원 내부의 점이다. 이를 그림으로 그려보면 다음과 같다.

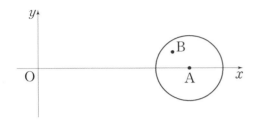

이제 (나)조건을 해석하자. 벡터의 덧셈을 위해 $k\overrightarrow{BX}=\overrightarrow{BY}$ 라 표현하면

$$\overrightarrow{OB}+k\overrightarrow{BX} = \overrightarrow{OB}+\overrightarrow{BY} = \overrightarrow{OY}$$
$$\rightarrow \; |\overrightarrow{OB}+k\overrightarrow{BX}| = |\overrightarrow{OY}| = 4$$

이므로 점 Y는 원점 O를 중심으로 하고 반지름의 길이가 4인 원 위의 점이다. 이때, $k\overrightarrow{BX}=\overrightarrow{BY}$ 인 실수 k가 존재하므로 세 점 B, X, Y는 한 직선 위의 점이다.

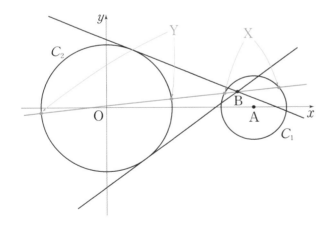

그림에서 볼 수 있듯이 세 점 B, X, Y가 놓이는 직선은 점 B를 지나고 원 C_2에 접하는 두 접선 사이에 존재해야 하고, 이 직선이 원 C_1과 만나는 점이 X, C_2와 만나는 점이 Y이다.

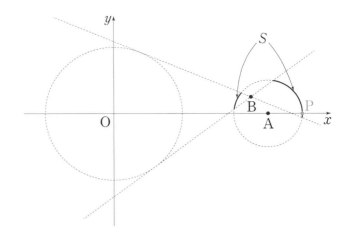

따라서 앞선 조건을 만족시키는 모든 점 X의 집합 S를 표시하면 그림과 같고, 점 P의 좌표는 P(11, 0)이다.[★]

$$\overrightarrow{OP}=(11, 0) \;\rightarrow\; |\overrightarrow{OP}|=11$$
$$\overrightarrow{BP}=(3, -1) \;\rightarrow\; |\overrightarrow{BP}|=\sqrt{10}$$

$$\therefore \; \cos\theta = \frac{\overrightarrow{OP}\cdot\overrightarrow{BP}}{|\overrightarrow{OP}||\overrightarrow{BP}|} = \frac{3\sqrt{10}}{10}$$

논리적 정당화

[★]에서 점 P(11, 0)이 집합 S의 원소인 것을 그림을 통해 알아냈지만, 공부를 하는 수험생이라면 진짜 S의 원소가 되는지 확인해야 한다.

점 P(11, 0)에 대하여 직선 BP와 원 C_2가 만나야 하므로 직선 BP와 원점 사이의 거리가 4 이하인 것을 확인하면 된다. 직선 BP의 기울기는 $-\dfrac{1}{3}$이므로 직선 BP의 방정식은

$$y = -\frac{1}{3}(x-11) \;\rightarrow\; x+3y-11=0$$

이고, 이 직선과 원점 O 사이의 거리는

$$d = \frac{|-11|}{\sqrt{1^2+3^2}} = \frac{11}{\sqrt{10}} = \sqrt{\frac{121}{10}} \le \sqrt{\frac{160}{10}} = 4$$

정답 ①

D·23

Pattern ⑨   Thema | 2024.7·기하 29번 |

교과서적 해법

(가)조건에서

$$\overrightarrow{AP} \cdot \overrightarrow{BP} = 0 \quad \Leftrightarrow \quad \angle APB = \frac{\pi}{2}$$

이므로 점 P는 선분 AB를 지름으로 하는 원 위의 점임을 알 수 있다. 또한, $\overrightarrow{OP} \cdot \overrightarrow{OC} \geq 0$이므로 점 P는 제1사분면 위의 점이다.

이제 (나)조건을 보면

$$\overrightarrow{QB} = 4\overrightarrow{QP} + \overrightarrow{QA} \quad \Leftrightarrow \quad \overrightarrow{QB} - \overrightarrow{QA} = 4\overrightarrow{QP}$$

$$\rightarrow \quad \overrightarrow{QP} = \frac{\overrightarrow{AB}}{4} = (1, 0)$$

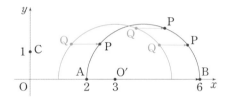

따라서 점 Q는 점 P를 x축으로 -1만큼 평행이동한 점이므로 점 Q는 점 $O'(3, 0)$을 중심으로 하고 반지름의 길이가 2인 반원 위의 점임을 알 수 있다.

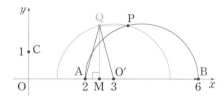

$|\overrightarrow{QO'}| = |\overrightarrow{QA}| = 2$이므로 점 Q는 선분 AO'의 수직이등분선 위에 있다. 따라서 선분 AO'의 중점을 M이라 하면 △AMQ에서 피타고라스의 정리에 의해

$$\overline{AQ} = 2, \quad \overline{AM} = \frac{1}{2} \quad \rightarrow \quad \overline{MQ} = \sqrt{2^2 - \left(\frac{1}{2}\right)^2} = \frac{\sqrt{15}}{2}$$

$$\Downarrow$$

$$Q\left(\frac{5}{2}, \frac{\sqrt{15}}{2}\right), \quad P\left(\frac{7}{2}, \frac{\sqrt{15}}{2}\right)$$

$$\therefore \overrightarrow{AP} \cdot \overrightarrow{AQ} = \left(\frac{1}{2}, \frac{\sqrt{15}}{2}\right) \cdot \left(\frac{3}{2}, \frac{\sqrt{15}}{2}\right) = \frac{9}{2}$$

$$\rightarrow \quad 20 \times k = 90$$

D·24

Pattern ⑨   Thema | 2023.10·기하 29번 |

교과서적 해법

주어진 조건에서

$$\overrightarrow{OP} \cdot \overrightarrow{AP} = \overrightarrow{OQ} \cdot \overrightarrow{AQ} = 0$$
$$\Leftrightarrow \quad \overrightarrow{OP} \perp \overrightarrow{AP}, \quad \overrightarrow{OQ} \perp \overrightarrow{AQ}$$

임을 알 수 있다. 따라서 $|\overrightarrow{OP}| = 2$, $|\overrightarrow{AQ}| = 1$임을 활용하여 두 점 P, Q를 다음 그림과 같이 나타낼 수 있다.

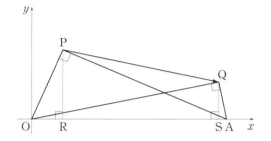

이제 두 점 P, Q에서 x축에 내린 수선의 발을 각각 R, S라 하면 구하는 값은

$$\overrightarrow{OA} \cdot \overrightarrow{PQ} = \overrightarrow{OA} \cdot \overrightarrow{RS} = |\overrightarrow{OA}| \cdot |\overrightarrow{RS}| = 5 \cdot \overline{RS}$$

이므로 $\overline{RS}$만 구하면 된다. 이때 △AOP ∽ △POR 이므로

$$\overline{PO} : \overline{AO} = \overline{OR} : \overline{PO} \quad \rightarrow \quad \overline{OR} = \frac{\overline{PO}^2}{AO} = \frac{4}{5}$$

마찬가지로 △AOQ에서 $\overline{AS} = \frac{1}{5}$임을 쉽게 알 수 있으므로

$$\overline{RS} = \overline{OA} - \overline{OR} - \overline{AS} = 4 \quad \cdots [1]$$

$$\therefore \overrightarrow{OA} \cdot \overrightarrow{PQ} = 5 \cdot \overline{RS} = 20$$

✓ CHECK 각주   해설 본문의 각주

1) $\overrightarrow{RS}$ 의 값은 두 점 P, Q 의 x 좌표의 차만 구하면 되는 것이므로,

$$|\overrightarrow{OP}| = 2 \text{ 에서 } x^2 + y^2 = 2^2,$$
$$|\overrightarrow{AQ}| = 1 \text{ 에서 } (x-5)^2 + y^2 = 1^2$$

임을 구한 뒤 두 점 P, Q 가 모두 선분 OA 를 지름으로 하는 원 $\left(x - \dfrac{5}{2}\right)^2 + y^2 = \left(\dfrac{5}{2}\right)^2$ 위의 점임을 활용하여 각각의 방정식을 연립하면 두 점 P, Q 의 x 좌표를 직접 구할 수 있다.

정답 20

D·25
CHALLENGE | 2023.사관·기하 30번 |

Pattern   9   Thema

교과서적 해법

(가)조건에서 점 O 를 핵심점으로 두고 벡터를 분해해 보면

$$5\overrightarrow{BA} \cdot \overrightarrow{OP} - \overrightarrow{OB} \cdot (\overrightarrow{AO} + \overrightarrow{OP}) = \overrightarrow{OA} \cdot \overrightarrow{OB}$$
$$\rightarrow (5\overrightarrow{BA} + \overrightarrow{BO}) \cdot \overrightarrow{OP} = 0$$

이때 선분 OA 의 5 : 1 내분점을 점 D(5, 0) 이라 하면

$$(5\overrightarrow{BA} + \overrightarrow{BO}) \cdot \overrightarrow{OP} = 0 \iff 6 \cdot \left(\frac{5\overrightarrow{BA} + \overrightarrow{BO}}{6}\right) \cdot \overrightarrow{OP} = 0$$
$$\rightarrow 6\overrightarrow{BD} \cdot \overrightarrow{OP} = 0$$

이므로 점 P 는 직선 BD 와 수직이고 점 O 를 지나는 직선 위에 있다. 즉, $\overrightarrow{BD} = (3, -6)$ 이므로 점 P 는 직선 $y = \dfrac{1}{2}x$ 위에 있다.

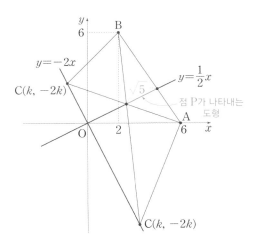

이때 (나)조건에서 점 P 가 나타내는 도형의 길이가 $\sqrt{5}$ 이므로 $\triangle$ABC 와 직선 $y = \dfrac{1}{2}x$ 의 교점을 생각해야 한다. 직선 $y = \dfrac{1}{2}$

와 직선 AB 의 교점의 좌표가 $\left(\dfrac{9}{2}, \dfrac{9}{4}\right)$ 이므로 점 P 는 두 점 $\left(\dfrac{5}{2}, \dfrac{5}{4}\right)$ 와 $\left(\dfrac{9}{2}, \dfrac{9}{4}\right)$ 를 이은 선분 위의 점이고, 점 $\left(\dfrac{5}{2}, \dfrac{5}{4}\right)$ 는 선분 AC 또는 선분 BC 위의 점임을 알 수 있다.

이때 $k > 0$ 이므로 점 C 는 제 4사분면 위의 점이다. 따라서 점 $\left(\dfrac{5}{2}, \dfrac{5}{4}\right)$ 는 선분 AC 위에 있을 수 없으므로 점 $\left(\dfrac{5}{2}, \dfrac{5}{4}\right)$ 는 선분 BC 위에 있다.

직선 BC 의 방정식: $y = -\dfrac{19}{2}(x-2) + 6$

$\rightarrow \quad y = -\dfrac{19}{2}x + 25$

$\rightarrow \quad C\left(\dfrac{10}{3}, -\dfrac{20}{3}\right)$

이제 $\overrightarrow{OA} \cdot \overrightarrow{CP}$ 의 최댓값을 구해보자. $\overrightarrow{OA} \cdot \overrightarrow{CP}$ 는 $\overrightarrow{OA} = (6, 0)$ 이므로 점 P 의 x 좌표가 최대일 때, 최댓값을 가진다.

$$\therefore (\overrightarrow{OA} \cdot \overrightarrow{CP} \text{ 의 최댓값}) = (6, 0) \cdot \left(\frac{9}{2} - \frac{10}{3}, \frac{9}{4} - \left(-\frac{20}{3}\right)\right)$$
$$= (6, 0) \cdot \left(\frac{7}{6}, \frac{107}{12}\right)$$
$$= 7$$

정답 7

D·26
정답률 53% | 2022.10·기하 28번 |

Pattern   9   Thema

교과서적 해법

먼저 주어진 조건을 해석하면서 문제의 상황을 살펴보자.

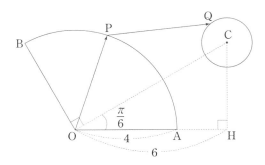

$|\overrightarrow{OA}| = 4$, $\overrightarrow{OA} \cdot \overrightarrow{OC} = 24$ 이므로 점 C 에서 직선 OA 에 내린 수선의 발을 H 라 하면 $|\overrightarrow{OH}| = 6$ 이다. 또한, $\overrightarrow{OB} \cdot \overrightarrow{OC} = 0$ 이므로

$$\angle BOC = \frac{\pi}{2} \quad \rightarrow \quad \angle AOC = \frac{\pi}{6}$$

$$\rightarrow \quad |\overrightarrow{CH}| = |\overrightarrow{OH}| \cdot \tan(\angle AOC) = 2\sqrt{3}$$

두 점 P, Q는 각각 두 점 O, C를 중심으로 하는 원 위의 점이므로 두 점 O, C를 핵심점으로 두고 벡터를 분해해 보자.

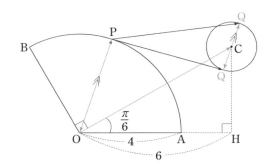

$$\overrightarrow{OP} \cdot \overrightarrow{PQ} = \overrightarrow{OP} \cdot (\overrightarrow{PO} + \overrightarrow{OC} + \overrightarrow{CQ})$$
$$= -|\overrightarrow{OP}|^2 + \overrightarrow{OP} \cdot \overrightarrow{OC} + \overrightarrow{OP} \cdot \overrightarrow{CQ}$$
$$= -16 + \overrightarrow{OP} \cdot \overrightarrow{OC} + \overrightarrow{OP} \cdot \overrightarrow{CQ}$$

이때 점 P의 위치에 상관없이 $\overrightarrow{OP} \cdot \overrightarrow{CQ}$ 는 두 벡터 $\overrightarrow{OP}$, $\overrightarrow{CQ}$ 의 방향이 같을 때 최댓값 4를 가지고, 방향이 반대일 때 최솟값 -4 를 가진다. 따라서 $\overrightarrow{OP} \cdot \overrightarrow{OC}$ 가 최대, 최소인 상황만 알면 된다.

두 벡터 $\overrightarrow{OP}$, $\overrightarrow{OC}$ 가 이루는 각을 θ 라 하면

$$\overrightarrow{OP} \cdot \overrightarrow{OC} = |\overrightarrow{OP}||\overrightarrow{OC}|\cos\theta = 16\sqrt{3}\cos\theta$$

이다. 이때 $\angle BOC = \frac{\pi}{2}$, $\angle AOC = \frac{\pi}{6}$ 이므로 호 AB 위의 점 P 에 대하여 $0 \le \theta \le \frac{\pi}{2}$ 이다. 즉, $\cos\frac{\pi}{2} \le \cos\theta \le \cos 0$ 이므로

$$16\sqrt{3}\cos\frac{\pi}{2} \le 16\sqrt{3}\cos\theta \le 16\sqrt{3}\cos 0$$
$$\rightarrow \quad 0 \le \overrightarrow{OP} \cdot \overrightarrow{OC} \le 16\sqrt{3}$$
$$\rightarrow \quad -16 + 0 - 4 \le \overrightarrow{OP} \cdot \overrightarrow{PQ} \le -16 + 16\sqrt{3} + 4$$
$$\rightarrow \quad -20 \le \overrightarrow{OP} \cdot \overrightarrow{PQ} \le 16\sqrt{3} - 12$$

$$\therefore M + m = 16\sqrt{3} - 12 + (-20) = 16\sqrt{3} - 32$$

정답 ⑤

D·27 CHALLENGE 정답률 19%   Pattern ⑨   Thema | 2022.7·기하 29번 |

교과서적 해법

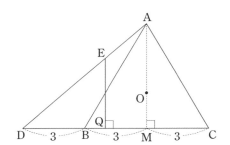

$$\overrightarrow{OD} = \frac{3 \cdot \overrightarrow{OB} - 1 \cdot \overrightarrow{OC}}{3 - 1}$$ 이므로 점 D는 선분 BC의 $1:3$ 외분점이다. 또한 $|2\overrightarrow{PA} + \overrightarrow{PD}| = 3 \cdot \left| \dfrac{2 \cdot \overrightarrow{PA} + 1 \cdot \overrightarrow{PD}}{3} \right|$ 이므로 선분 AD의 $1:2$ 내분점의 좌표를 E 라 하면

$$|2\overrightarrow{PA} + \overrightarrow{PD}| = 3 \cdot \left| \frac{2 \cdot \overrightarrow{PA} + 1 \cdot \overrightarrow{PD}}{3} \right| = 3|\overrightarrow{PE}|$$

이다. 따라서 $3|\overrightarrow{PE}|$ 의 값이 최소가 되려면 점 P는 점 E에서 선분 CD에 내린 수선의 발이여야 한다.
즉, 선분 BC의 중점 M에 대하여

$$|\overrightarrow{MQ}| : |\overrightarrow{DQ}| = |\overrightarrow{AE}| : |\overrightarrow{DE}| = 1 : 2 \quad \rightarrow \quad |\overrightarrow{MQ}| = 2$$

또한, 정삼각형의 한 변의 길이가 6이므로 $|\overrightarrow{OA}| = 2\sqrt{3}$ 이다. 따라서 발문의 조건에서 $|\overrightarrow{OR}| = |\overrightarrow{OA}| = 2\sqrt{3}$ 이므로 점 R은 점 O를 중심으로 하고 반지름의 길이가 $2\sqrt{3}$ 인 원 위의 점이다.[1]

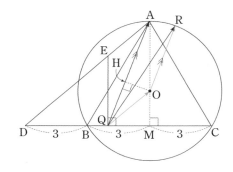

$\overrightarrow{QA} \cdot \overrightarrow{QR}$ 의 최댓값을 구하기 위해 $\overrightarrow{QR}$ 에서 점 O를 핵심점으로 두고 벡터를 분해해 보자.

$$\overrightarrow{QA} \cdot \overrightarrow{QR} = \overrightarrow{QA} \cdot (\overrightarrow{QO} + \overrightarrow{OR}) = \overrightarrow{QA} \cdot \overrightarrow{QO} + \overrightarrow{QA} \cdot \overrightarrow{OR}$$

이때 $\overrightarrow{QA} \cdot \overrightarrow{QO}$ 의 값은 상수이므로 $\overrightarrow{QA} \cdot \overrightarrow{OR}$ 의 값이 최대인 상황을 찾으면 된다. 즉, $\overrightarrow{QA} /\!/ \overrightarrow{OR}$ 이고 두 벡터의 방향이 같을 때

최대이므로 점 O에서 직선 AQ에 내린 수선의 발을 H라 하면

$$(\overrightarrow{QA} \cdot \overrightarrow{QR} \text{ 의 최댓값}) = |\overrightarrow{QA}| \cdot (|\overrightarrow{QH}| + |\overrightarrow{OR}|)$$

이다. △AMQ에서 피타고라스의 정리에 의해

$$|\overrightarrow{AM}| = 3\sqrt{3}, \quad |\overrightarrow{MQ}| = 2 \quad \rightarrow \quad |\overrightarrow{QA}| = \sqrt{31}$$

이므로 $\cos(\angle OAQ) = \dfrac{3\sqrt{93}}{31}$ 이고

$$|\overrightarrow{AH}| = |\overrightarrow{OA}| \cdot \cos(\angle OAQ) = 2\sqrt{3} \cdot \frac{3\sqrt{93}}{31} = \frac{18\sqrt{31}}{31}$$

$$\rightarrow \quad |\overrightarrow{QH}| = |\overrightarrow{QA}| - |\overrightarrow{AH}| = \frac{13\sqrt{31}}{31}$$

$$\rightarrow \quad |\overrightarrow{QA}| \cdot (|\overrightarrow{QH}| + |\overrightarrow{OR}|) = \sqrt{31} \cdot \left(\frac{13\sqrt{31}}{31} + 2\sqrt{3} \right)$$
$$= 13 + 2\sqrt{93}$$

$$\therefore \ p = 13, \ q = 2 \quad \rightarrow \quad p + q = 15$$

✅ CHECK 각주   해설 본문의 각주

1) 점 O를 중심으로 하고 반지름의 길이가 $2\sqrt{3}$인 원은 정삼각형 ABC의 외접원이다.

정답 **15**

D·28
CHALLENGE   Pattern 9   Thema | 2022.사관·기하 30번|

교과서적 해법

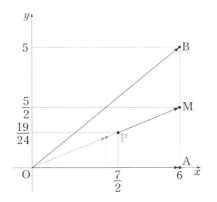

먼저 (가)조건을 보면 두 점 A, B의 중점 $M\left(6, \dfrac{5}{2}\right)$에 대하여

$$\overrightarrow{OP} = k(\overrightarrow{OA} + \overrightarrow{OB}) = 2k\overrightarrow{OM} \quad (k \geq 0)$$

이고 $\overrightarrow{OP} \cdot \overrightarrow{OA} \leq 21$, $|\overrightarrow{OA}| = 6$이므로 $\overrightarrow{OP}$의 $\overrightarrow{OA}$ 위로의 정사영의 크기가 $\dfrac{7}{2}$보다 작거나 같다. 이때 $k \geq 0$이고, $\overrightarrow{OA}$는 x축과 평행하므로 $0 \leq$ (점 P의 x좌표) $\leq \dfrac{7}{2}$ 이다.

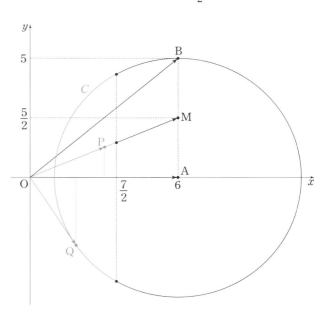

이제 (나)조건을 보면 $|\overrightarrow{AQ}| = |\overrightarrow{AB}| = 5$이므로 점 Q는 점 A를 중심으로 하고 반지름의 길이가 5인 원 위의 점이다. 이때 (가)조건과 마찬가지로 $\overrightarrow{OQ} \cdot \overrightarrow{OA} \leq 21$, $|\overrightarrow{OA}| = 6$이므로 점 Q의 x좌표는 $\dfrac{7}{2}$ 이하이다. 이제 점 X가 나타내는 도형을 알아보자.

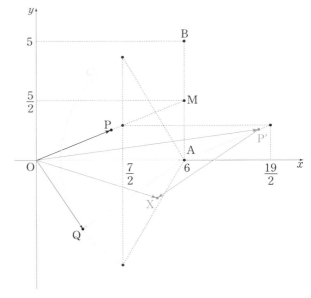

$$\overrightarrow{OX} = \overrightarrow{OP} + \overrightarrow{OQ} = \overrightarrow{OP} + \overrightarrow{OA} + \overrightarrow{AQ}$$

이므로 $\overrightarrow{OP}$의 시점이 점 A가 되게 평행이동한 벡터를 $\overrightarrow{AP'}$이라 하면 $\overrightarrow{OX} = \overrightarrow{OP'} + \overrightarrow{AQ}$이다. 따라서 점 X는 $\overrightarrow{AQ}$의 시점이 점 P'이 되게 평행이동한 벡터의 종점이다.

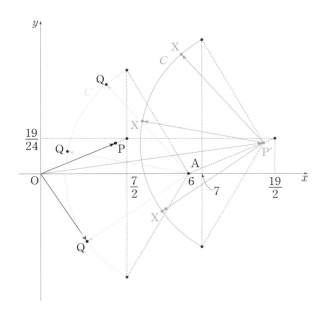

그림과 같이 점 P'을 고정시키고 점 Q를 움직이며 점 X가 그리는 도형을 살펴보면 호 C를 평행이동한 호가 나타남을 알 수 있다. 이제 이 호를 점 P'에 따라 평행이동 시켜보면 다음과 같다.

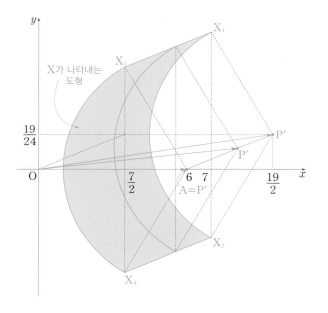

이제 점 X가 나타내는 도형의 넓이를 구해보자. 점 P'이 $\left(\dfrac{19}{2},\ \dfrac{19}{24}\right)$일 때 호 C의 양 끝 점을 X_1, X_2라 하고, 점 P'이 $(6, 0)$일 때 호 C의 양 끝 점을 X_3, X_4라 하면 직선 X_1X_2와 호 X_1X_2로 둘러싸인 $\langle$ 모양의 도형의 넓이와 직선 X_3X_4와 호 X_3X_4로 둘러싸인 $\langle$ 모양의 도형의 넓이는 서로 같다.[1] 따라서 평행사변형 $X_1X_2X_4X_3$의 넓이를 구하면 된다.

평행사변형 $X_1X_2X_4X_3$의 높이는 두 점 X_1, X_3의 x좌표의 차이므로 $\dfrac{7}{2}$이다. 이제 평행사변형 $X_1X_2X_4X_3$의 밑변의 길이 $\overline{X_3X_4}$만 구하면 된다. 이때 점 X_3에서 x축에 내린 수선의 발을 H라 하면 $\overline{AX_3}=5$, $\overline{AH}=\dfrac{5}{2}$이므로 피타고라스의 정리에 의해

$$\overline{X_3H}=\frac{5\sqrt{3}}{2}\quad\rightarrow\quad \overline{X_3X_4}=5\sqrt{3}$$

$\therefore$ (점 X가 나타내는 도형의 넓이) $=\dfrac{7}{2}\cdot 5\sqrt{3}=\dfrac{35}{2}\sqrt{3}$

$\rightarrow\quad p+q=37$

✅ CHECK 각주   해설 본문의 각주

1) 직선 X_1X_2와 호 X_1X_2로 둘러싸인 $\langle$ 모양의 도형은 활꼴이다.

정답 ▶ 37

D·29 ☐☐☐☐ | 2017.7·가 29번 |
CHALLENGE   정답률 17%   Pattern   09   Thema

교과서적 해법

우선 (가)조건을 해석해 보자. 평면 위의 점 P가 $|\overrightarrow{AP}|=5$를 만족하려면 점 P는 점 A를 중심으로 하고 반지름의 길이가 5인 원 위에 있어야 한다. 이 원을 C_1이라 하자.

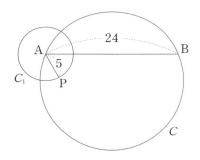

이제 (나)조건을 분석하자. $\angle PAB=\theta$에서 점 P의 선분 AB 위로의 수선의 발을 P'이라 하면 $\overline{AP'}=5\cos\theta$이다. 즉, (나)조건은 $\overline{AP'}$이 1, 2, 3, 4, 5가 되어야 한다는 의미이므로 점 P는 그림에서의 점선 위에 존재할 수 있음을 알 수 있다.

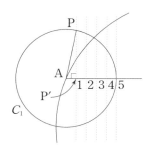

이제 구하고자 하는 $\overrightarrow{AP} \cdot \overrightarrow{AQ}$ 를 해석해 보자. 점 Q는 원 C 위의 점이므로 원 C의 중심을 핵심점으로 두고 $\overrightarrow{AP} \cdot \overrightarrow{AQ}$ 를 분해할 수 있다. 원 C의 중심을 O 라 하면

$$\overrightarrow{AP} \cdot \overrightarrow{AQ} = \overrightarrow{AP} \cdot (\overrightarrow{AO} + \overrightarrow{OQ}) = \overrightarrow{AP} \cdot \overrightarrow{AO} + \overrightarrow{AP} \cdot \overrightarrow{OQ}$$

이므로 $\overrightarrow{AP} \cdot \overrightarrow{AQ}$의 값은 두 내적 $\overrightarrow{AP} \cdot \overrightarrow{AO}$, $\overrightarrow{AP} \cdot \overrightarrow{OQ}$의 합이 최대일 때 최대이다. 이때 점 Q는 점 O가 중심인 원 C 위의 점이므로, 그림과 같이 임의의 점 P에 대하여 $\overrightarrow{AP} /\!/ \overrightarrow{OQ}$가 되도록 점 Q를 잡으면 $\overrightarrow{AP} \cdot \overrightarrow{OQ}$의 값이 최대임을 알 수 있다.

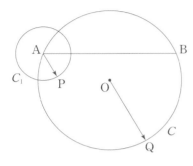

즉, 그림과 같이 임의의 점 P에 대하여

$$\overrightarrow{AP} \cdot \overrightarrow{OQ} \le |\overrightarrow{AP}||\overrightarrow{OQ}| = 5 \times 13 = 65$$

이므로 $\overrightarrow{AP} \cdot \overrightarrow{AO}$의 최댓값만 구하면 된다. $\overrightarrow{AP} \cdot \overrightarrow{AO}$의 값은 두 벡터 $\overrightarrow{AP}$, $\overrightarrow{AO}$가 이루는 예각의 크기가 최소일 때 최대이므로 직선 AO와 가장 가까운 점 P를 찾으면 된다.

두 벡터 모두 점 A가 시점이므로 두 벡터 $\overrightarrow{AP}$, $\overrightarrow{AO}$를 점 A를 원점으로 하는 좌표평면에 둘 수 있다. 직선 AO의 기울기는 $-\dfrac{5}{13}$이므로 $P_1(5, 0)$, $P_2(4, -3)$이라 하면 그림과 같이 직선 AO는 두 직선 AP_1, AP_2 사이에 있음을 알 수 있다.

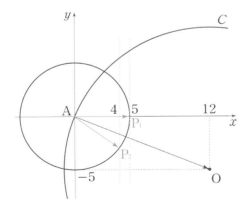

따라서 $\overrightarrow{AP} \cdot \overrightarrow{AO}$의 최댓값은 $\overrightarrow{AP_1} \cdot \overrightarrow{AO}$ 또는 $\overrightarrow{AP_2} \cdot \overrightarrow{AO}$ 이다.

$$A(0, 0), \ O(12, -5), \ P_1(5, 0), \ P_2(4, -3)$$
$$\overrightarrow{AO} = (12, -5), \ \overrightarrow{AP_1} = (5, 0), \ \overrightarrow{AP_2} = (4, -3)$$

이므로

$$\overrightarrow{AP_1} \cdot \overrightarrow{AO} = (5, 0) \cdot (12, -5) = 60$$
$$\overrightarrow{AP_2} \cdot \overrightarrow{AO} = (4, -3) \cdot (12, -5) = 48 + 15 = 63$$

이다. 따라서 $\overrightarrow{AP_1} \cdot \overrightarrow{AO} < \overrightarrow{AP_2} \cdot \overrightarrow{AO}$ 이므로 $\overrightarrow{AP} \cdot \overrightarrow{AO}$의 최댓값은 63이다.

$$\therefore \ (\overrightarrow{AP} \cdot \overrightarrow{AQ}\text{의 최댓값})$$
$$= (\overrightarrow{AP} \cdot \overrightarrow{AO} \text{ 의 최댓값}) + (\overrightarrow{AP} \cdot \overrightarrow{OQ} \text{ 의 최댓값})$$
$$= 65 + 63 = 128$$

정답   128

D

3장   공간도형과 공간좌표

3. 공간도형과 공간좌표

3-1 공간도형

3-2 공간좌표

E·01

정답률 70%   Pattern   11   Thema

교과서적 해법

점 D에서 평면 α에 내린 수선의 발 H에 대하여 $\cos\theta = \dfrac{\overline{CH}}{\overline{CD}}$ 를 구하면 된다. 이때 두 평면 α, β는 서로 수직이므로 점 H는 교선 AB 위에 있고, $\triangle$ABD는 $\overline{AD}=\overline{BD}=6$인 이등변삼각형이므로 점 H는 선분 AB의 중점이다.

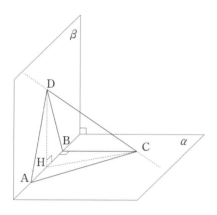

$\triangle$ABC에서 $\overline{AC}=2\sqrt{29}$, $\overline{BC}=6$이므로 피타고라스의 정리에 의해

$$\overline{AB} = \sqrt{(2\sqrt{29})^2-6^2} = 4\sqrt{5} \;\to\; \overline{AH}=\overline{BH}=2\sqrt{5}$$

따라서 $\triangle$BCH에서 피타고라스의 정리에 의해 $\overline{CH}=2\sqrt{14}$이다. 이때 $\triangle$BDH에서도 피타고라스의 정리에 의해 $\overline{DH}=4$이므로 $\triangle$CDH에서

$$\overline{CD} = \sqrt{4^2+(2\sqrt{14})^2} = 6\sqrt{2}$$

$$\therefore \cos\theta = \frac{\overline{CH}}{\overline{CD}} = \frac{2\sqrt{14}}{6\sqrt{2}} = \frac{\sqrt{7}}{3}$$

정답 ②

E·02

정답률 72%   Pattern   12   Thema

교과서적 해법

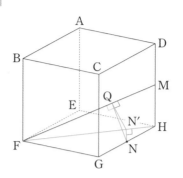

점 N에서 평면 FHM에 내린 수선의 발을 N′이라 하면 평면 EFGH와 평면 FHM이 서로 수직이므로 N′은 평면 EFGH와 평면 FHM의 교선인 선분 FH 위에 있다. 점 N′에서 직선 FM에 내린 수선의 발을 Q라 하면 삼수선 정리에 의해

(직선 NN′)⊥(평면 FHM), (직선 N′Q)⊥(직선 FM)
  → (직선 NQ)⊥(직선 FM)

이므로 점 N에서 선분 FM에 내린 수선의 발도 Q이고 P = Q일 때 선분 NP의 길이가 최소이다. 즉, 묻는 값은 선분 NQ의 평면 FHM 위로의 정사영의 길이이고 이 값은 $\overline{N'Q}$이다. 이때 $\triangle$FHM, $\triangle$FQN′은 $\angle$MFH를 공유하므로 닮음임을 알 수 있다. 닮음비를 이용하기 위해 각 삼각형의 변의 길이를 구해보면

$$\overline{FH}=2\sqrt{2},\; \overline{MH}=1 \;\to\; \overline{FM} = \sqrt{(2\sqrt{2})^2+1^2} = 3$$

$$\overline{NH}=1,\; \angle FHN=\frac{\pi}{4} \;\to\; \overline{N'H}=\frac{\sqrt{2}}{2}$$

$$\to\; \overline{FN'}=\frac{3\sqrt{2}}{2}$$

$$\Downarrow$$

$$\overline{FM}:\overline{MH}=\overline{FN'}:\overline{N'Q} \;\to\; 3:1=\frac{3\sqrt{2}}{2}:\overline{N'Q}$$

$$\to\; \overline{N'Q}=\frac{\sqrt{2}}{2}$$

$$\therefore \text{(구하는 길이)} = \frac{\sqrt{2}}{2}$$

정답 ④

E·03

| 2024.7·기하 27번 |

정답률 75%   Pattern   12   Thema

교과서적 해법

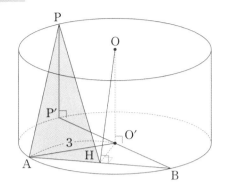

$\overline{\mathrm{BP'}}=6$ 인 두 점 B, P'은 반지름의 길이가 3인 원 위의 점이므로 선분 BP'은 밑면의 지름이고, 두 점 B, P'의 중점은 밑면의 중심이다. 이 점을 O'이라 하면 삼수선의 정리에 의해

(직선 OH)⊥(직선 AB), (직선 $\mathrm{OO'}$)⊥(평면 $\mathrm{ABP'}$)
→ (직선 $\mathrm{O'H}$)⊥(직선 AB)

따라서 두 직각삼각형 OO'H, AO'H에서 피타고라스의 정리에 의해

$$\overline{\mathrm{O'H}} = \sqrt{13-3^2} = 2, \quad \overline{\mathrm{AH}} = \sqrt{3^2-2^2} = \sqrt{5}$$

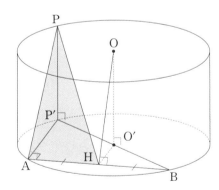

이때 선분 BP'은 밑면의 지름이므로 $\angle\mathrm{BAP'}=\dfrac{\pi}{2}$ 이다. 따라서 삼수선의 정리에 의해

(직선 $\mathrm{AP'}$)⊥(직선 AB), (직선 $\mathrm{PP'}$)⊥(평면 $\mathrm{ABP'}$)
→ (직선 AP)⊥(직선 AB)

이므로 $\overline{\mathrm{AP}}$ 만 알면 △PAH의 넓이를 알 수 있다. 두 직각삼각형 ABP', APP'에서 피타고라스의 정리에 의해

$$\overline{\mathrm{AP'}} = \sqrt{6^2-(2\sqrt{5})^2} = 4$$
$$\overline{\mathrm{AP}} = \sqrt{3^2+4^2} = 5$$

$$\therefore\ (\triangle\mathrm{PAH}\text{의 넓이}) = \frac{1}{2}\cdot\sqrt{5}\cdot5 = \frac{5\sqrt{5}}{2}$$

정답 ④

E·04

| 2023.7·기하 27번 |

정답률 75%   Pattern   12   Thema

교과서적 해법

주어진 도형의 길이에 대한 조건이 하나도 주어져 있지 않으므로 편의상 $\overline{\mathrm{AB}}=6$ 이라고 두고 다른 변의 길이를 나타내 보자.[1]
$\angle\mathrm{CAH}=\theta'$ 이라 하면 (나)조건에서

$$\sin\theta' = \frac{1}{\sqrt{3}}, \quad \cos\theta' = \frac{\sqrt{2}}{\sqrt{3}}$$

이고 (가)조건에서 $\angle\mathrm{AHB}=\dfrac{\pi}{2}$ 이므로 △ABH에서

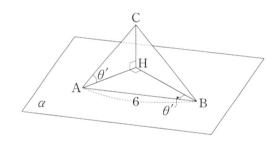

$$\overline{\mathrm{AH}} = \overline{\mathrm{AB}}\sin\theta' = 2\sqrt{3}$$
$$\overline{\mathrm{BH}} = \overline{\mathrm{AB}}\cos\theta' = 2\sqrt{6}$$

이다. 또한 H는 점 C에서 평면 α에 내린 수선의 발이므로 $\angle\mathrm{CHA}=\dfrac{\pi}{2}$ 이다. 마찬가지로 △ACH에서

$$\overline{\mathrm{AC}} = \frac{\overline{\mathrm{AH}}}{\cos\theta'} = 3\sqrt{2}$$
$$\overline{\mathrm{CH}} = \overline{\mathrm{AC}}\sin\theta' = \sqrt{6}$$

이다. 이제 평면 ABC와 평면 α가 이루는 이면각의 크기 θ를 작도하자. 점 C에서 평면 α에 내린 수선의 발 H가 있으므로 점 H에서 교선인 직선 AB에 수선의 발 G를 내리면 된다.

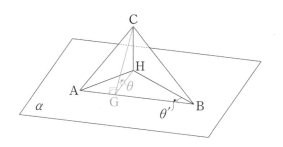

삼수선의 정리에 의해 (직선 CG)⊥(직선 AB)이고, 이면각의 정의에 의해 ∠CGH = θ 이다.

한편 △BHG 에서 $\overline{BH} = 2\sqrt{6}$ 이므로

$$\overline{HG} = \overline{BH}\sin\theta' = 2\sqrt{2}$$

임을 알 수 있다. 이제 △CHG 에서 피타고라스의 정리를 이용하면 $\overline{CG} = \sqrt{14}$ 를 얻는다.

$$\therefore \cos\theta = \frac{\overline{HG}}{\overline{CG}} = \frac{2\sqrt{2}}{\sqrt{14}} = \frac{2\sqrt{7}}{7}$$

> **✅ CHECK**   **각주**   해설 본문의 각주
>
> 1) 길이에 상관없이 답이 정해지기 때문에 길이 조건을 주지 않은 것이다. 이런 경우 주어진 조건에 나타난 숫자들의 공배수로 적당한 숫자를 선택하여 계산하면 된다. 이 문항의 조건에는 $\sin(\angle CAH) = \frac{1}{\sqrt{3}}$ 이 주어졌고, $\cos(\angle CAH) = \frac{\sqrt{2}}{\sqrt{3}}$ 또한 당연히 쓰일 것이므로 2와 3의 공배수인 6으로 설정하였다.

정답 ④

E·05

정답률 78%   Pattern 12   Thema |2021.7·기하 27번|

교과서적 **해법**

두 평면 ABCD, ABEF 의 교선은 직선 AB 이고

(선분 AD)⊥(선분 AB), (선분 AF)⊥(선분 AB)

이므로 두 평면 ABCD, ABEF 의 이면각은 ∠DAF 이다. 이때 정사각형 ABCD 넓이는 36 이므로 $\cos(\angle DAF)$ 의 값만 구하면 된다.

두 평면 ADF, AFH 는 점 A 를 지나고 직선 AB 를 법선으로 가진다. 따라서 네 점 A, D, F, H 는 한 평면 위의 점이므로 ∠DAF = ∠DAH − ∠FAH 인데, △AFH 에서 $\overline{AF} = 12$, $\overline{FH} = 6$ 이므로 ∠FAH = $\frac{\pi}{6}$ 이다. 이제 ∠DAH 를 구해보자.

점 D 에서 평면 α 에 내린 수선의 발을 D′ 이라 하면 삼수선의 정리와 이면각의 정의에 의해

(선분 AD)⊥(선분 AB), (선분 DD′)⊥(평면 α)
→ (선분 AD′)⊥(선분 AB)
→ (두 평면 ABCD 와 α 의 이면각) = ∠DAD′

이때 정사각형 ABCD 의 넓이가 36 이고, 정사각형 ABCD 의 평면 α 위로의 정사영의 넓이가 18 이므로 두 평면 ABCD 와 α 의 이면각은 $\frac{\pi}{3}$ 이다. 따라서 ∠DAH = ∠DAD′ = $\frac{\pi}{3}$ 이므로

$$\angle DAF = \angle DAH - \angle FAH = \frac{\pi}{3} - \frac{\pi}{6} = \frac{\pi}{6}$$

$$\to \cos(\angle DAF) = \cos\frac{\pi}{6} = \frac{\sqrt{3}}{2}$$

$$\therefore \text{(정사영의 넓이)} = 36 \times \cos(\angle DAF) = 18\sqrt{3}$$

정답 ⑤

E·06

Pattern 12   Thema |2020.사관·가 9번|

교과서적 **해법**

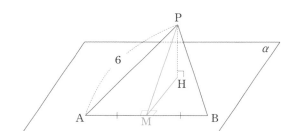

△PAB 는 정삼각형이므로 점 P 에서 선분 AB 에 내린 수선의 발은 선분 AB 의 중점이다. 이 점을 M 이라 하면 삼수선의 정리에 의해

(직선 HM)⊥(직선 AB)

이때 정삼각형 PAB 의 높이는 $\overline{PM} = 3\sqrt{3}$ 이므로 △PHM 에서 피타고라스의 정리를 활용하면

$$\overline{HM} = \sqrt{\overline{PM}^2 - \overline{PH}^2} = \sqrt{(3\sqrt{3})^2 - 4^2} = \sqrt{11}$$

$$\therefore \text{(△HAB 의 넓이)} = \frac{1}{2} \cdot \overline{AB} \cdot \overline{HM} = 3\sqrt{11}$$

정답 ⑤

E·07

정답률 36%

| 2018.10·가 20번 |

Pattern 10   Thema

교과서적 해법

평면이 아닌 공간에서의 상황임에 유의하며 보기를 살펴보자.

ㄱ. 주어진 조건에 의해 두 삼각형 ABC, CDE는 직각이등변삼각형임을 알 수 있으므로

$$\overline{AC} = \overline{CE} = \sqrt{2}$$

이다. 이때 두 삼각형은 점 C만을 공유하므로 두 점 A, E는 점 C에서 거리가 $\sqrt{2}$이기만 하면 된다. 즉, 두 점 A, E는 점 C를 중심으로 하고 반지름의 길이가 $\sqrt{2}$인 구 위의 점이다. 따라서 $|\overrightarrow{AE}|$의 값은 선분 AE가 구의 지름일 때 최대이므로

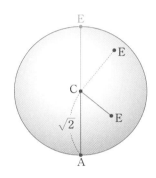

$$(|\overrightarrow{AE}|\text{의 최댓값}) = \overline{AC} + \overline{CE} = 2\sqrt{2} \ (\text{참})$$

ㄴ. 당연히 네 점이 모두 같은 평면에 있다고 생각하면 참이라 판단할 수 있다. 다음 반례를 살펴보자.

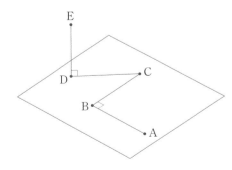

네 점 A, B, C, D가 한 평면 위에 있고, 직선 DE가 이 평면에 수직일 때를 생각해 보자. $\overline{AB} \perp \overline{DE}$이지만 두 직선 BC와 CD는 수직이 아니다. (거짓)

ㄷ. $\overline{AB} \perp \overline{CD}$이고 $\overline{BC} \perp \overline{CD}$이면 직선 CD가 평면 ABC에 수직이므로, 그림과 같이 한 변의 길이가 1인 정육면체를 활용하여 상황을 파악해 보자.

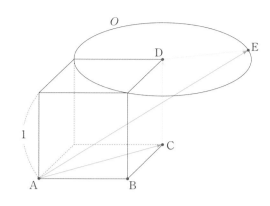

직각이등변삼각형 CDE를 생각하면 점 E는 점 D를 중심으로 하고 반지름의 길이가 1인 원 O 위의 점이므로

$$\overrightarrow{AC} \cdot \overrightarrow{AE} = \overrightarrow{AC} \cdot (\overrightarrow{AC} + \overrightarrow{CD} + \overrightarrow{DE})$$
$$= |\overrightarrow{AC}|^2 + \overrightarrow{AC} \cdot \overrightarrow{CD} + \overrightarrow{AC} \cdot \overrightarrow{DE}$$
$$= 2 + 0 + \overrightarrow{AC} \cdot \overrightarrow{DE}$$

즉, $\overrightarrow{AC} \cdot \overrightarrow{DE}$는 두 벡터 $\overrightarrow{AC}$와 $\overrightarrow{DE}$의 방향이 같을 때 최대이므로

$$2 + \overrightarrow{AC} \cdot \overrightarrow{DE} \le 2 + \sqrt{2} \cdot 1 \cdot \cos 0 = 2 + \sqrt{2} \ (\text{거짓})$$

정답 ①

E·08

정답률 45%

| 2011.10·가 30번 |

Pattern 10   Thema

교과서적 해법

평행이동해서 교점을 찾아야 한다.

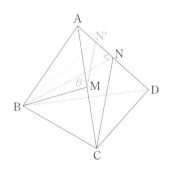

선분 AN의 중점을 N′이라 하면 점 M은 선분 AC의 중점이므로 $\triangle ACN \backsim \triangle AMN'$이고 닮음비는 2 : 1이다. 따라서 두 직선 BM, MN′이 이루는 각인 $\angle BMN'$을 구하면 된다.

두 선분 BM, CN은 각각 정삼각형 ABC, ACD의 높이이므로 두 삼각형의 한 변의 길이를 2라 하면

$$\overline{BM} = \overline{CN} = \sqrt{3}, \quad \overline{MN'} = \frac{1}{2} \cdot \overline{CN} = \frac{\sqrt{3}}{2}$$

또한 선분 BN은 정삼각형 ABD의 높이이므로 △BNN′에서

$$\overline{BN} = \sqrt{3}, \quad \overline{NN'} = \frac{1}{2} \quad \rightarrow \quad \overline{BN'} = \frac{\sqrt{13}}{2}$$

구하는 θ는 두 직선 BM, MN′이 이루는 예각의 크기이므로 △BMN′에서 코사인법칙에 의해

$$\cos\theta = |\cos(\angle BMN')| = \left| \frac{\overline{BM}^2 + \overline{MN'}^2 - \overline{BN'}^2}{2 \cdot \overline{BM} \cdot \overline{MN'}} \right|$$

$$= \left| \frac{3 + \frac{3}{4} - \frac{13}{4}}{2 \cdot \sqrt{3} \cdot \frac{\sqrt{3}}{2}} \right|$$

$$= \frac{1}{6} \quad \cdots^{1)}$$

$$\therefore \quad \cos\theta = \frac{1}{6} \quad \rightarrow \quad p + q = 7$$

✅ **CHECK 각주**   해설 본문의 각주

1) $\cos(\pi - \theta) = -\cos\theta$이므로 $\angle BMN'$이 예각인지 둔각인지 구할 필요 없이 $\cos(\angle BMN')$에 절댓값을 취하면 된다.

정답 ▶ 7

E·09 정답률 64%   해설 저자의 특강 | 2013.7·B 19번 |
Pattern 11   Thema

교과서적 해법

두 직선 AF, BE의 교점을 P라 하면 두 평면 AFGD, BEG 모두 두 점 P, G를 지나므로 교선 l은 직선 PG와 같다. 따라서 직선 PG와 평면 EFGH가 이루는 예각의 크기를 구하면 된다.

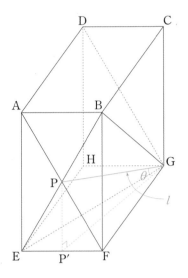

직선 PG와 평면 EFGH의 교점이 G이므로 [저자의 특강]-직선과 평면이 이루는 각을 구하는 알고리즘[평수능 본문 113p]의 ②를 활용하자.

점 P에서 평면 EFGH에 내린 수선의 발을 P′이라 하면 $\overline{PP'} = 2$, $\overline{FP'} = 1$, $\overline{FG} = 3$이고 피타고라스의 정리에 의해

$$\overline{GP'} = \sqrt{3^2 + 1^2} = \sqrt{10}$$
$$\rightarrow \quad \overline{PG} = \sqrt{2^2 + (\sqrt{10})^2} = \sqrt{14}$$

$$\therefore \quad \cos^2\theta = \frac{5}{7}$$

TIP·저자의 특강 직선과 평면이 이루는 각을 구하는 알고리즘

직선과 평면이 이루는 각은 다음 순서대로 구해야 한다.

① 직선과 평면 중 하나를 평행이동하거나, 연장선·연장평면을 활용해 교점을 찾는다.
② 직선 위의 점에서 평면에 수선의 발을 내린 후 교점과 함께 직각삼각형을 찾는다. → 정사영을 활용해서 각을 구해도 된다.

정답 ▶ ⑤

E·10

정답률 39%

|2021.7·기하 29번|

Pattern   12   Thema

교과서적 해법

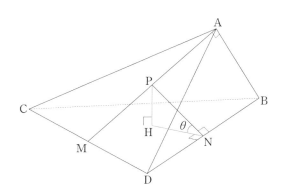

두 평면 PDB 와 CDB 의 이면각을 묻고 있으므로 교선에 대하여 양쪽 직각을 찾아야 한다. 점 P 에서 평면 CDB 에 내린 수선의 발을 H 라 하면 삼수선의 정리와 이면각의 정의에 의해

(직선 DB)⊥(직선 PN), (직선 PH)⊥(평면 CDB)
→ (직선 HN)⊥(직선 DB)
→ ∠PNH=θ

△BCD 는 이등변삼각형이므로 (직선 BM)⊥(직선 CD)이다. 따라서 삼수선의 정리에 의해

(직선 BM)⊥(직선 CD), (직선 AB)⊥(평면 ACD)
→ (직선 AM)⊥(직선 CD)

이고

(직선 AM)⊥(직선 CD), (직선 PH)⊥(평면 CDB)
→ (직선 HM)⊥(직선 CD)

이므로 점 H 는 직선 BM 위의 점이다.

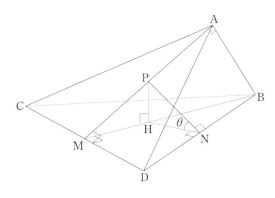

$\triangle$BCD 에서 $\overline{\mathrm{BM}} = \sqrt{(4\sqrt{5})^2 - 4^2} = 8$ 이고 △BMD∽△BNH 이므로

$$\overline{\mathrm{HN}} = \overline{\mathrm{BN}} \cdot \frac{\overline{\mathrm{DM}}}{\overline{\mathrm{BM}}} = 2\sqrt{5} \cdot \frac{4}{8} = \sqrt{5}$$

$$\overline{\mathrm{BH}} = \sqrt{\overline{\mathrm{BN}}^2 + \overline{\mathrm{HN}}^2} = 5 \rightarrow \overline{\mathrm{HM}} = 3$$

$\triangle$ABM 에서 $\dfrac{\overline{\mathrm{BM}}}{\overline{\mathrm{AB}}} = 2$ 이므로 $\angle\mathrm{AMB} = \dfrac{\pi}{6}$ 이다. 따라서

$$\overline{\mathrm{PH}} = \overline{\mathrm{MH}} \cdot \tan(\angle\mathrm{AMB}) = \sqrt{3} \rightarrow \cos\theta = \frac{\sqrt{10}}{4}$$

$$\therefore 40\cos^2\theta = 25$$

정답 25

E·11

해설 Thema 9 학습

|2020.사관·가 26번|

Pattern   12   Thema   9

교과서적 해법

정삼각형 ACD 와 이등변삼각형 BCD 에 대하여 선분 CD 의 중점을 R 라 하면

(직선 AR)⊥(직선 CD), (직선 BR)⊥(직선 CD)

이므로 삼수선의 정리에 의해 점 A 에서 평면 BCD 에 내린 수선의 발 H 는 직선 BR 위에 있음을 알 수 있다.

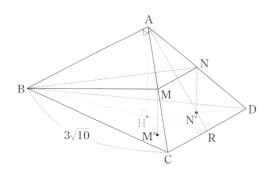

$\triangle$BAC 에서 피타고라스의 정리에 의해

$$\overline{\mathrm{BA}} = \sqrt{\overline{\mathrm{BC}}^2 - \overline{\mathrm{AC}}^2} = \sqrt{(3\sqrt{10})^2 - 6^2} = 3\sqrt{6}$$

이고 (나)조건에 의해 직선 AB 는 평면 ACD 와 수직이므로 (직선 AB)⊥(직선 AR)이다. 이때, 정삼각형 ACD 의 높이 $\overline{\mathrm{AR}} = 3\sqrt{3}$ 이므로 $\triangle$BAR 에서 피타고라스의 정리를 활용하면

$$\overline{\mathrm{BR}} = \sqrt{\overline{\mathrm{BA}}^2 + \overline{\mathrm{AR}}^2} = \sqrt{(3\sqrt{6})^2 + (3\sqrt{3})^2} = 9$$

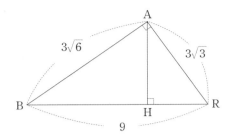

이다. 또한 △RAB ∽ △RHA 이므로

$$\overline{BR}:\overline{AR}=\overline{AR}:\overline{HR} \quad\rightarrow\quad \overline{HR}=3, \ \overline{BH}=6$$

이제 두 점 M, N에서 평면 BCD에 내린 수선의 발을 각각 M′, N′이라 하면, 두 점 M′, N′은 각각 선분 HC, HD의 중점이다.

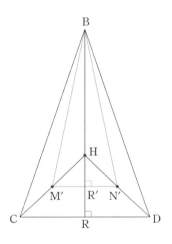

삼각형의 중점연결정리에 의해 $\overline{M'N'}=3$, 선분 M′N′의 중점 R′에 대하여 $\overline{HR'}=\dfrac{3}{2}$이다. 따라서 △BMN의 평면 BCD 위로의 정사영인 △BM′N′의 넓이 S는

$$\frac{1}{2}\cdot\overline{M'N'}\cdot\overline{BR'} \ = \ \frac{1}{2}\cdot 3\cdot\left(6+\frac{3}{2}\right) \ = \ \frac{45}{4}$$

$$\therefore \ 40S=450$$

실전적 해법

두 평면 BMN과 BCD의 이면각을 θ라 하자.

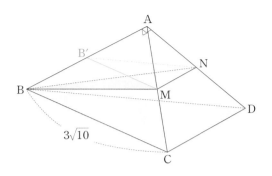

두 점 M, N은 각각 선분 AC, AD의 중점이므로

$$(\text{직선 MN}) /\!/ (\text{직선 CD}) \quad\rightarrow\quad (\text{직선 MN}) /\!/ (\text{평면 BCD})$$

이다. 따라서 이면각 θ를 구할 때, 평면 BCD와 평행하고 두 점 M, N을 지나는 평면과의 이면각을 생각해도 된다. 이 평면이 선분 AB와 만나는 점을 B′이라 하자. 이제 △BAM에서 피타고라스의 정리를 활용하면

$$\overline{BM} \ = \ \sqrt{\overline{BA}^2+\overline{AM}^2} \ = \ \sqrt{(3\sqrt6)^2+3^2} \ = \ 3\sqrt7$$

이고 마찬가지 방법으로 $\overline{BN}=3\sqrt7$이다. 따라서 두 이등변삼각형 BMN과 B′MN에 대하여 선분 M, N의 중점을 P라 하면

$$(\text{직선 BP})\perp(\text{직선 MN}), \quad (\text{직선 B′P})\perp(\text{직선 MN})$$
$$\rightarrow \ \text{이면각: } \angle B'PB=\theta$$

[교과서적 해법]에서의 평면 ABR가 평면 BCD에 수직이므로 공간도형에서의 단면화$^{\text{Thema 34p}}$를 활용하자.

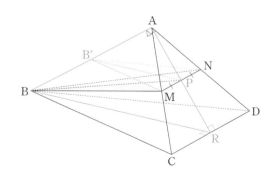

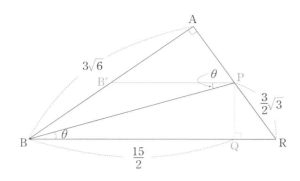

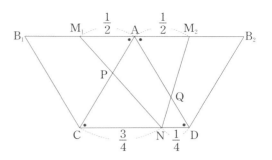

단면화한 그림에서 (직선 BR) ∥ (직선 B′P)이므로

$$\angle B'PB = \angle PBR = \theta$$

따라서 ∠PBR의 크기를 구하자. 점 P에서 직선 BR에 내린 수선의 발을 Q라 하면 △RAB ∞ △RQP이므로

$$\overline{BR} : \overline{BA} = \overline{PR} : \overline{PQ} \quad \rightarrow \quad \overline{PQ} = \frac{3\sqrt{3}}{2}$$

$$\rightarrow \quad \overline{QR} = \frac{3}{2}, \quad \overline{BQ} = \frac{15}{2}$$

$$\Downarrow$$

$$\tan\theta = \frac{\sqrt{2}}{5} \quad \rightarrow \quad \cos\theta = \frac{5}{3\sqrt{3}}$$

이제 △BPM에서 피타고라스의 정리를 활용하면

$$\overline{BP} = \sqrt{\overline{BM}^2 - \overline{MP}^2} = \sqrt{(3\sqrt{7})^2 - \left(\frac{3}{2}\right)^2} = \frac{9\sqrt{3}}{2}$$

$$\Downarrow$$

$$(\triangle BMN \text{의 넓이}) = \frac{1}{2} \cdot \overline{MN} \cdot \overline{BP} = \frac{1}{2} \cdot 3 \cdot \frac{9\sqrt{3}}{2}$$

$$= \frac{27\sqrt{3}}{4}$$

$$\therefore \ S = (\triangle BMN \text{의 넓이}) \cdot \cos\theta = \frac{45}{4} \quad \rightarrow \quad 40S = 450$$

정답 450

E·12

정답률 45% | 해설 | 저자의 특강, 실전 개념 | 2019.10·가 19번 |
                 | Pattern | 12 | Thema | 9 |

실전적 해법

두 점 P, Q는 각각 두 선분의 길이의 합이 최소가 되게 하는 점이다. 따라서 [저자의 특강]-공간도형의 단면화 방법Thema 35p의 ③을 활용해 전개도를 펼쳐서 보자.

전개도를 펼쳐보면 두 선분 M_1N과 AC가 만나는 점이 P, 두 선분 M_2N과 AD가 만나는 점이 Q여야 조건을 만족시키는 것을 알 수 있다.

이때, (직선 CD) ∥ (직선 B_1B_2)이므로 $\triangle PAM_1 \infty \triangle PCN$은 서로 닮음이고 두 삼각형 QM_2A, QND는 서로 닮음이다. 따라서 문제에서 주어진 조건에 의해

$$\overline{M_1A} = \overline{M_2A} = \frac{1}{2}, \quad \overline{CN} = \frac{3}{4}, \quad \overline{ND} = \frac{1}{4}$$

이므로 점 P는 선분 AC의 2:3 내분점, 점 Q는 선분 AD의 2:1 내분점이다.

△MPQ의 평면 BCD 위로의 정사영을 구하기 위해 네 점 A, M, P, Q에서 평면 BCD에 수선의 발을 내리고 각각 점 A′, M′, P′, Q′이라 하자.

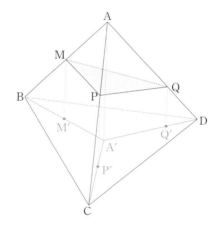

[실전 개념]-정사면체의 기본 성질★에 의해 점 A′은 △BCD의 무게중심이고,

점 M′은 선분 A′B의 중점 … ⓐ
점 P′은 선분 A′C의 2:3 내분점 … ⓑ
점 Q′은 선분 A′D의 2:1 내분점 … ⓒ

임을 알 수 있다.

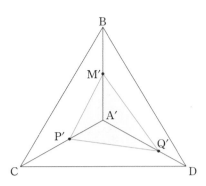

정삼각형 BCD의 한 변의 길이가 1이므로 세 삼각형 A′BC, A′CD, A′DB의 넓이는 $\dfrac{\sqrt{3}}{12}$ 이다. 이때 Ⓐ, Ⓑ에 의해

$$(\triangle A'M'P' \text{의 넓이}) = \frac{1}{2} \cdot \frac{2}{5} \cdot (\triangle A'BC \text{의 넓이}) = \frac{\sqrt{3}}{60}$$

이다. 같은 방법으로

$$(\triangle A'P'Q' \text{의 넓이}) = \frac{\sqrt{3}}{45} \quad (\because \text{Ⓑ}, \text{Ⓒ})$$

$$(\triangle A'Q'M' \text{의 넓이}) = \frac{\sqrt{3}}{36} \quad (\because \text{Ⓐ}, \text{Ⓒ})$$

$$\therefore (\triangle M'P'Q' \text{의 넓이}) = \frac{\sqrt{3}}{36} + \frac{\sqrt{3}}{60} + \frac{\sqrt{3}}{45} = \frac{\sqrt{3}}{15}$$

TIP·저자의 특강 공간도형의 단면화 방법

① 절단면을 보는 방법

② 바라보는 방법 (정사영^{실제 용어는 투영도이다.})

③ 입체도형을 펼쳐서 보는 방법 (원뿔, 접힌 도형 등의 전개도)

✏️ **정사면체의 기본 성질**   ● 실전 개념

① 정삼각형에서는

　　무게중심 ⇔ 내심 ⇔ 외심 ⇔ 세 수선의 교점 … **(1)**

을 만족시킨다. 이는 정사면체에서 마찬가지로

　　내접구의 중심 ⇔ 외접구의 중심 ⇔ 네 수선의 교점

을 만족시킨다. 이때, 정사면체의 한 꼭짓점에서 마주보는 면(정삼각형)에 내린 수선의 발은 곧 **(1)**이 된다.

② 정사면체의 4개의 면 중 임의의 2개의 면이 이루는 이면각은 항상 같고, 이 각에 대한 cos 값은 $\dfrac{1}{3}$ 이다.

정답 ②

E·13 ▪▪▪▪ | 2019.7·가 19번 |

정답률 67%   Pattern 12   Thema

교과서적 해법

$\triangle EQH$의 평면 PHQ 위로의 정사영의 넓이를 구하기 위해 두 평면 EFGH와 PHQ의 이면각과 $\triangle EQH$의 넓이를 구하자. 먼저 두 평면의 이면각을 구해보자.

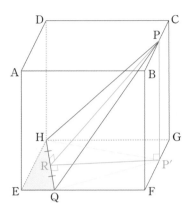

점 P에서 평면 EFGH에 내린 수선의 발을 P′, 정삼각형 P′QH에 대하여 점 P′에서 선분 QH에 내린 수선의 발을 R이라 하면 삼수선의 정리와 이면각의 정의에 의해

　(직선 PP′)⊥(평면 EFGH), (직선 P′R)⊥(직선 QH)

　→ (직선 PR)⊥(직선 QH)

　→ (평면 EFGH와 평면 PQH의 이면각) = ∠PRP′

직육면체의 높이는 $\overline{PP'} = \sqrt{15}$ 이고, 정삼각형 P′QH의 높이는 $\overline{P'R} = 2\sqrt{3}$ 이므로 $\triangle PP'R$에서 피타고라스의 정리를 활용하면

$$\overline{PR} = \sqrt{\overline{PP'}^2 + \overline{P'R}^2} = \sqrt{(\sqrt{15})^2 + (2\sqrt{3})^2} = 3\sqrt{3}$$

$$\Downarrow$$

$$\cos(\angle PRP') = \frac{\overline{P'R}}{\overline{PR}} = \frac{2}{3}$$

이제 $\triangle EQH$의 넓이를 구하자.

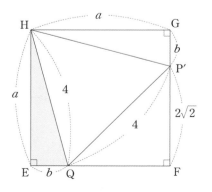

$\overline{\text{HE}}=a$, $\overline{\text{EQ}}=b$ 라 하면 $\triangle$HEQ 에서 피타고라스의 정리에 의해 $a^2+b^2=16$ 이다. 또한, 직각이등변삼각형 P'FQ 에서 $\overline{\text{P'F}}=2\sqrt{2}$ 이고 $\triangle$HEQ ≡ $\triangle$HGP' 이므로 $a-b=2\sqrt{2}$ 이다. 두 식을 연립하면

$$(a^2+b^2)-(a-b)^2 = 2ab = 8$$

$$\rightarrow \; ab=4$$

$$\rightarrow \; (\triangle\text{EQH 의 넓이}) = \frac{ab}{2} = 2$$

따라서 $\triangle$EQH 의 평면 PHQ 위로의 정사영의 넓이는

$$(\triangle\text{EQH 의 넓이})\cdot\cos(\angle\text{PRP}') = 2\cdot\frac{2}{3} = \frac{4}{3}$$

정답 ④

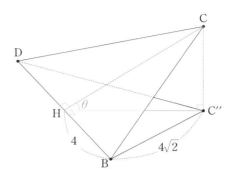

$\overline{\text{C''H}}=4$ 인 $\triangle$CC''H 에 대하여 $\tan\theta=\dfrac{3}{4}$ 이므로 $\overline{\text{CC''}}=3$ 이다. 따라서 $\triangle$CC''B 에서 피타고라스의 정리를 활용하면

$$\overline{\text{BC}} = \sqrt{\overline{\text{CC''}}^2+\overline{\text{C''B}}^2} = \sqrt{3^2+(4\sqrt{2})^2} = \sqrt{41}$$

정답 ④

E

E·14

| 2019.사관·가 17번 |

교과서적　해법

$\overline{\text{BB}'}=\overline{\text{DD}'}$ 이므로 (선분 BD) ∥ (선분 B'D'), $\overline{\text{BD}}=\overline{\text{B'D'}}$ 이고, 정사각형 AB'C'D' 의 한 변의 길이가 $4\sqrt{2}$ 이므로

$$\overline{\text{BD}} = \overline{\text{B'D'}} = 8$$

이제 $\triangle$B'C'D' 과 합동인 $\triangle$BC''D 를 평면 β 에 평행하도록 그리자.

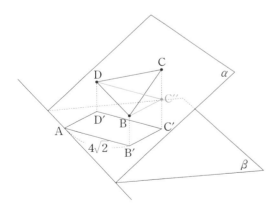

이등변삼각형 BC''D 에 대하여 점 C'' 에서 선분 BD 에 내린 수선의 발을 H 라 하면 삼수선의 정리와 이면각의 정의에 의해

　　(직선 CC'')⊥(평면 BC''D), (직선 C''H)⊥(직선 BD)
　　→ (직선 CH)⊥(직선 BD)
　　→ (평면 BCD 와 평면 BC''D의 이면각) = ∠CHC'' = θ

E·15

정답률 77%

| 2018.7·가 17번 |

교과서적　해법 1

$\triangle$OBC 의 평면 ABC 위로의 정사영을 구하려면 점 O 에서 평면 ABC 에 내린 수선의 발의 위치를 찾아야 한다.

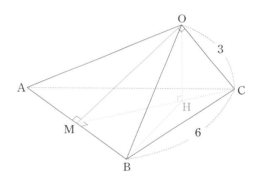

점 C 에서 직선 AB 에 내린 수선의 발을 M 이라 하면 삼수선의 정리에 의해

　　(직선 CO)⊥(평면 OAB), (직선 CM)⊥(직선 AB)
　　→ (직선 OM)⊥(직선 AB)

이므로 $\triangle$COM 에서 피타고라스의 정리에 의해

$$\overline{\text{OM}} = \sqrt{\overline{\text{CM}}^2-\overline{\text{CO}}^2} = \sqrt{\left(6\cdot\frac{\sqrt{3}}{2}\right)^2-3^2} = 3\sqrt{2}$$

점 O 에서 직선 CM 위에 내린 수선의 발을 H 라 하면 삼수선의 정리에 의해

(직선 AB)⊥(직선 OM), (직선 AB)⊥(직선 HM)
→ (직선 OH)⊥(평면 ABC)

이므로 점 O에서 평면 ABC에 내린 수선의 발은 점 H임을 알 수 있다. 이때 △COM∽△CHO이므로

$$\overline{CM}:\overline{CO} \;=\; \overline{CO}:\overline{CH} \;\;\to\;\; 3\sqrt{3}:3 \;=\; 3:\overline{CH}$$
$$\to\;\; \overline{CH}=\sqrt{3},\;\; \overline{HM}=2\sqrt{3}$$

이때, △OBC의 평면 ABC 위로의 정사영은 △HBC이므로 선분 AB의 중점 M과 선분 CM의 1:2 내분점 H에 대하여

$$(\triangle HBC \text{의 넓이}) = (\triangle ABC \text{의 넓이})\times\frac{1}{2}\times\frac{1}{3}$$
$$= \frac{\sqrt{3}}{4}\cdot 6^2 \cdot\frac{1}{6} \;=\; \frac{3\sqrt{3}}{2}$$

교과서적 해법 2

(직선 CO)⊥(평면 OAB)이므로 $\angle COB=\dfrac{\pi}{2}$이고,

$$\cos\angle BCO = \frac{\overline{CO}}{\overline{BC}} = \frac{1}{2} \;\;\to\;\; \angle BCO=\frac{\pi}{3}\;\cdots\;\text{Ⓐ}$$
$$\Downarrow$$
$$\overline{BO} = \overline{BC}\cdot\sin\frac{\pi}{3} = 6\cdot\frac{\sqrt{3}}{2} = 3\sqrt{3}$$

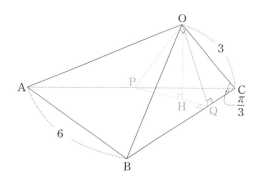

점 O에서 직선 BC에 내린 수선의 발을 Q라 하면

$$\overline{OQ} = \overline{OC}\cdot\sin\frac{\pi}{3} = \frac{3\sqrt{3}}{2}$$
$$\overline{CQ} = \overline{OC}\cdot\cos\frac{\pi}{3} = \frac{3}{2}$$

이제 점 Q를 지나고 직선 BC에 수직인 직선이 선분 AC와 만나는 점을 P라 하자. 점 O에서 직선 PQ에 내린 수선의 발을 H라 하면 삼수선의 정리에 의해

(직선 BC)⊥(직선 OQ), (직선 BC)⊥(직선 HQ)
→ (직선 OH)⊥(평면 ABC)

이므로 점 O에서 평면 ABC에 내린 수선의 발은 점 H임을 알 수 있다. 이때, $\angle PCQ=\dfrac{\pi}{3}$이므로

$$\overline{PQ} = \overline{CQ}\cdot\tan\frac{\pi}{3} = \frac{3}{2}\sqrt{3}$$
$$\overline{PC} = \overline{CQ}\cdot\frac{1}{\cos\dfrac{\pi}{3}} = 3$$

$\overline{OC}=\overline{PC}=3$이고 Ⓐ와 마찬가지 이유로 $\angle OCP=\dfrac{\pi}{3}$이므로 정삼각형 COP에 대하여 $\overline{OP}=3$이다.

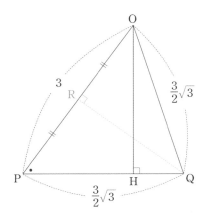

이등변삼각형 QOP에 대하여 점 Q에서 선분 OP에 내린 수선의 발을 R라 하면 $\overline{OR}=\overline{RP}=\dfrac{3}{2}$이므로

$$\overline{PH} = \overline{OP}\cdot\frac{\overline{RP}}{\overline{PQ}} = 3\cdot\frac{1}{\sqrt{3}} = \sqrt{3}\;\;(\because \triangle QRP\varpropto\triangle OHP)$$

따라서 $\overline{QH}=\dfrac{\sqrt{3}}{2}$이므로 △OBC의 평면 ABC 위로의 정사영인 △HBC의 넓이는

$$\frac{1}{2}\cdot\overline{BC}\cdot\overline{QH} = \frac{1}{2}\cdot 6\cdot\frac{\sqrt{3}}{2} = \frac{3\sqrt{3}}{2}$$

정답 ④

E·16

교과서적 해법

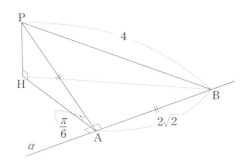

직각이등변삼각형 PAB 에 대하여

$$\overline{AB} = \overline{PA} = \overline{PB} \times \frac{1}{\sqrt{2}} = 2\sqrt{2}$$

삼수선의 정리와 이면각의 정의에 의해

(직선 PH)⊥(평면 α), (직선 PA)⊥(직선 AB)

→ (직선 HA)⊥(직선 AB)

→ 이면각 = $\angle$PAH = $\frac{\pi}{6}$

⇓

$$\overline{PH} = \overline{PA} \cdot \sin\frac{\pi}{6} = \sqrt{2}$$

$$\overline{HA} = \overline{PA} \cdot \cos\frac{\pi}{6} = \sqrt{6}$$

∴ (사면체 PHAB 의 부피) = $\frac{1}{3} \cdot$ (△HAB 의 넓이)$\cdot \overline{PH}$

$$= \frac{1}{3} \cdot \left(\frac{1}{2} \cdot \overline{HA} \cdot \overline{AB}\right) \cdot \overline{PH}$$

$$= \frac{1}{6} \cdot \left(\sqrt{6} \cdot 2\sqrt{2}\right) \cdot \sqrt{2}$$

$$= \frac{2\sqrt{6}}{3}$$

정답   ④

E·17

실전적 해법

두 평면 ACD 와 EDCF 는 직선 CD 를 교선으로 갖는다. 따라서 점 A 와 교선 CD 를 이용해서 이면각의 크기를 구하자.

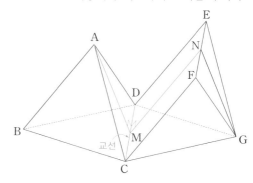

△ACD 는 정삼각형이므로 선분 CD 의 중점을 M 이라 하면

(직선 AM)⊥(직선 CD)

이고, □EDCF 는 정사각형이므로 선분 EF 의 중점을 N 이라 하면

(직선 MN)⊥(직선 CD)

이므로 이면각의 정의에 의해 $\angle$AMN 은 두 평면 ACD, EDCF 의 이면각이다. 여기서 공간도형에서의 단면화$^{Thema\ 34p}$를 활용하자.

사각형 BCGE 는 마름모이므로 두 직선 BG, CD 의 교점은 M 이고, (직선 BG)⊥(직선 CD)이다.

이때, (평면 AMN)⊥(직선 CD)이므로 직선 BG 는 평면 AMN 위에 있음을 알 수 있다.

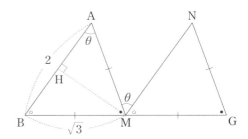

$\overline{AB} = \overline{MN} = 2$ 이고, 네 선분 $\overline{BM}$, $\overline{GM}$, $\overline{AM}$, $\overline{NG}$ 는 한 변의 길이가 2 인 정삼각형의 높이이므로

$$\overline{BM} = \overline{GM} = \overline{AM} = \overline{NG} = \sqrt{3}$$

이다. 따라서 △AMB ≡ △NGM 이고

$\triangle AMB \equiv \triangle NGM$

$\rightarrow \angle ABM = \angle NMG$

$\rightarrow$ (직선 AB) // (직선 MN) ($\because$ 동위각)

$\rightarrow \theta = \angle BAM$ ($\because$ 엇각)

이때, 이등변삼각형 MAB에 대하여 점 M에서 선분 AB에 내린 수선의 발을 H라 하면 $\overline{AH}=1$이므로

$$\cos\theta = \frac{\overline{AH}}{\overline{AM}} = \frac{1}{\sqrt{3}}$$

정답 ④

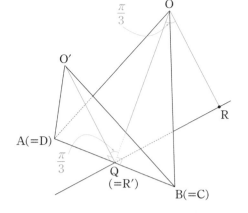

E·18
정답률 82% | 2017.7·가 14번 |
Pattern 12 Thema

교과서적 해법

$\triangle OQB$에서 피타고라스의 정리에 의해

$$\overline{OQ} = \sqrt{\overline{OB}^2 - \overline{QB}^2} = \sqrt{(2\sqrt{5})^2 - 2^2} = 4$$

선분 CD의 중점을 점 R라 하면 마찬가지 이유로 $\overline{OR}=4$이므로 $\triangle OQR$는 한 변의 길이가 4인 정삼각형이다.

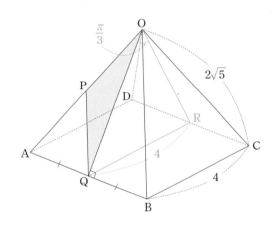

(직선 AB) // (직선 CD)이므로 직선 CD가 선분 AB를 포함하도록 평면 OCD를 평행이동하여 평면 O'BA를 그리자.

두 평면의 교선 AB에 대하여

  (직선 AB) ⊥ (직선 OQ), (직선 AB) ⊥ (직선 O'Q)

이므로 이면각의 정의에 의해 두 평면의 이면각은 $\angle OQO'$이다. 이때 두 직선 OR, O'Q가 서로 평행하므로 엇각에 의해

$$\angle OQO' = \angle QOR = \frac{\pi}{3}$$

한편, 두 선분 OA, AB의 중점 P, Q에 대하여 $\triangle OPQ$의 넓이는 $\triangle OAB$의 넓이의 $\frac{1}{4}$이므로 $\triangle OPQ$의 넓이는

$$4 \times 4 \times \frac{1}{2} \times \frac{1}{4} = 2$$

$\therefore$ ($\triangle OPQ$의 정사영의 넓이) $= 2 \times \cos\frac{\pi}{3} = 1$

정답 ③

E·19 | 2017.사관·가 15번 |

Pattern   12   Thema

실전적 해법

두 평면 AMN과 BCNM은 직선 MN을 교선으로 갖는다. 따라서 점 A와 교선 MN을 이용해서 이면각의 크기를 구하자. [실전 개념]-정사면체의 기본 성질$^{해설\ 81p}$에 의해 점 A에서 평면 BCD에 내린 수선의 발은 △BCD의 무게중심 G임을 알 수 있다.

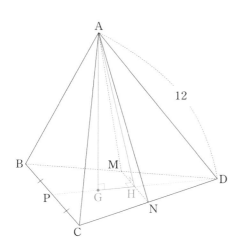

점 A에서 직선 MN에 내린 수선의 발을 H라 하자. 그러면 삼수선의 정리에 의해

(직선 AG)⊥(평면 BCD), (직선 AH)⊥(직선 MN)
→ (직선 GH)⊥(직선 MN)

임을 알 수 있다. 이제 △BCD를 분석해 보자. 삼각형의 중점연결정리에 의해 $\overline{DH}:\overline{HP}=1:1$이고 무게중심의 성질에 의해 $\overline{DG}:\overline{GP}=2:1$이므로 $\overline{DH}:\overline{HG}:\overline{GP}=3:1:2$이다. 따라서

$$\overline{HG} = 12\times\frac{\sqrt{3}}{2}\times\frac{1}{6} = \sqrt{3}$$

또한 삼각형의 중점연결정리에 의해 $\overline{MN}=6$이므로 이등변삼각형 AMN에 대하여 $\overline{HN}=3$이다. 이때 △AHN에서 피타고라스의 정리를 사용하면

$$\overline{AH} = \sqrt{\overline{AN}^2-\overline{HN}^2} = \sqrt{\left(12\cdot\frac{\sqrt{3}}{2}\right)^2-3^2} = 3\sqrt{11}$$

$$\rightarrow \cos\angle AHG = \frac{\overline{HG}}{\overline{AH}} = \frac{\sqrt{3}}{3\sqrt{11}} = \frac{1}{\sqrt{33}}$$

이제 □BCNM의 넓이를 구하면

$$(\triangle BCD의 넓이)\times\frac{3}{4} = \left(\frac{\sqrt{3}}{4}\cdot12^2\right)\times\frac{3}{4} = 27\sqrt{3}$$

$$\therefore (\square BCNM의 넓이)\times\cos\angle AHG = \frac{27\sqrt{11}}{11}$$

정답 ⑤

E·20 | 2016.10·가 15번 |

정답률 85%   Pattern   12   Thema

교과서적 해법

직선 l은 구 위의 점 A를 지나고 구의 중심을 포함하는 직선 AB와 수직이므로 직선 l은 점 A에서 구에 접한다.

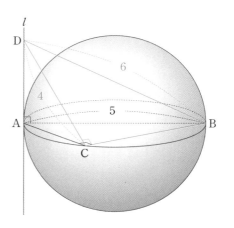

(직선 l)⊥(직선 AB), (직선 l)⊥(직선 BC)
→ (직선 l)⊥(평면 ABC)

이고, △ACB는 $\angle ACB=\frac{\pi}{2}$인 직각삼각형이므로 삼수선의 정리에 의해

(직선 DA)⊥(평면 ABC), (직선 AC)⊥(직선 BC)
→ (직선 DC)⊥(직선 BC)

이다. 따라서 △DCB에서 피타고라스의 정리를 사용하면

$$\overline{BC} = \sqrt{\overline{DB}^2-\overline{DC}^2} = \sqrt{6^2-4^2} = 2\sqrt{5}$$

이제 △ACB에서 피타고라스의 정리를 사용하면

$$\overline{AC} = \sqrt{\overline{AB}^2-\overline{BC}^2} = \sqrt{5^2-\left(2\sqrt{5}\right)^2} = \sqrt{5}$$

정답 ③

95

E·21 ▮▮▮▮▯▯ | 2016.10·가 27번 |
정답률 63%   Pattern 12   Thema

교과서적 해법

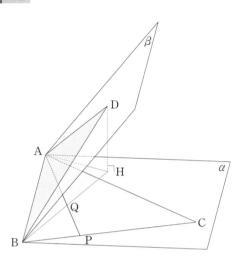

△ABD를 평면 α 위로 정사영한 넓이, 즉 △ABH의 넓이를 구한다면 두 평면 α, β의 이면각 θ를 구할 수 있다. 발문에서 주어진 길이의 비를 통해 삼각형들의 넓이를 구해보자. $\overline{BP} : \overline{PC} = \overline{PQ} : \overline{QA} = 1 : 2$이므로

$$(\triangle ABP \text{의 넓이}) = (\triangle ABC \text{의 넓이}) \times \frac{1}{3} = 9$$

$$\rightarrow \quad (\triangle ABQ \text{의 넓이}) = (\triangle ABP \text{의 넓이}) \times \frac{2}{3} = 6$$

이때, 점 Q는 선분 BH의 중점이므로

$$(\triangle ABH \text{의 넓이}) = (\triangle ABQ \text{의 넓이}) \times 2 = 12$$

$$\therefore \quad \cos \theta = \frac{(\triangle ABH \text{의 넓이})}{(\triangle ABD \text{의 넓이})} = \frac{12}{35} \quad \rightarrow \quad p+q = 47$$

정답 ▶ 47

E·22 ▮▮▮▮▯▯ | 2015.10·B 26번 |
정답률 73%   Pattern 12   Thema 9

실전적 해법

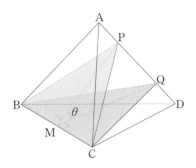

두 삼각형 PBC와 QBC는 각각 $\overline{PB} = \overline{PC}$, $\overline{QB} = \overline{QC}$인 이등변삼각형이므로 두 점 P, Q에서 직선 BC에 내린 수선의 발은 선분 BC의 중점이다. 따라서 선분 BC의 중점을 M이라 하면 이면각의 정의에 의해 $\angle PMQ = \theta$이다.

이때 네 점 A, P, Q, D가 한 직선 위의 점이므로 공간도형에서의 단면화$^{\text{Thema 34p}}$를 활용하여 평면 AMD로 단면화하면 다음 그림과 같다.

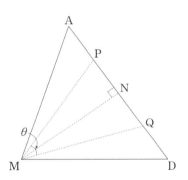

$\overline{AM} = \overline{DM} = 2\sqrt{3}$이므로 △AMD는 이등변삼각형이다. 따라서 선분 AD의 중점을 N이라 하면

$$\overline{MN} \perp \overline{AD}, \quad \overline{AN} = 2 \quad \rightarrow \quad \overline{MN} = 2\sqrt{2}$$
$$\overline{PN} = \overline{QN} = 1 \quad \rightarrow \quad \overline{PM} = \overline{QM} = 3$$

따라서 △PMQ에서 코사인법칙에 의해

$$\cos \theta = \frac{\overline{PM}^2 + \overline{QM}^2 - \overline{PQ}^2}{2 \cdot \overline{PM} \cdot \overline{QM}} = \frac{3^2 + 3^2 - 2^2}{2 \cdot 3 \cdot 3} = \frac{7}{9}$$

$$\therefore \quad \cos \theta = \frac{7}{9} \quad \rightarrow \quad p+q = 16$$

정답 ▶ 16

E·23

정답률 81%   Pattern   12   Thema

| 2015.10·B 19번 |

실전적 해법

두 삼각형 ABC, CBF와 평면 BEF는 모두 정사각뿔 ACFE−B의 면을 포함한다. 따라서 정팔면체가 아닌 정사각뿔에서 생각을 할 수 있다.

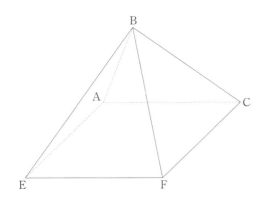

정사각뿔에서 보면 두 평면 ABC와 BEF는 서로 마주보는 면이고, 두 평면 CBF와 BEF는 서로 이웃한 면임을 알 수 있다. 이때 두 평면 CBF와 BEF의 교선은 직선 BF임을 바로 알 수 있으므로 S_2 먼저 구해보자.

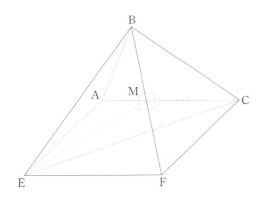

△CBF는 정삼각형이므로 점 C에서 교선 BF에 내린 수선의 발은 선분 BF의 중점이다. 이 점을 M이라 하고, 점 C에서 평면 BEF에 내린 수선의 발을 점 C′이라 하면 삼수선의 정리에 의해

  (직선 CM)⊥(직선 BF), (직선 CC′)⊥(평면 BEF)
  → (직선 C′M)⊥(직선 BF)

이다. 이때 직선 C′M은 점 E를 지나므로 ∠CME를 구하면 두 평면 CBF와 BEF 사이의 이면각을 구할 수 있다.

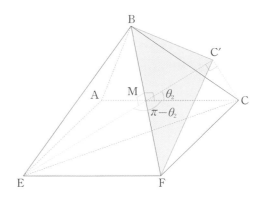

정사각뿔의 한 변의 길이가 2이므로 $\overline{CM} = \overline{EM} = \sqrt{3}$ 이고, $\overline{CE} = 2\sqrt{2}$ 이다. 따라서 ∠CME는 둔각임을 알 수 있다.

두 평면 CBF, BEF가 이루는 예각의 크기를 θ_2라 하면 ∠CME $= \pi - \theta_2$ 이다. 따라서 코사인법칙에 의해

$$\cos\theta_2 = \cos(\pi - \angle CME) = -\cos(\angle CME)$$
$$= -\frac{\overline{CM}^2 + \overline{EM}^2 - \overline{CE}^2}{2 \cdot \overline{CM} \cdot \overline{EM}}$$
$$= \frac{1}{3}$$

$$\rightarrow \quad S_2 = (\triangle CBF \text{ 의 넓이}) \cdot \cos\theta_2 = \frac{\sqrt{3}}{3}$$

이제 S_1을 구하면 되는데 두 평면 ABC, BEF는 정사각뿔에서 서로 마주보고 있는 평면이다. 즉, 평면 ABC를 직선 AC가 직선 EF가 되도록 평행이동하여 생각하면 다음 그림과 같이 두 정사각뿔이 나란히 붙어 있는 모습을 생각할 수 있다.

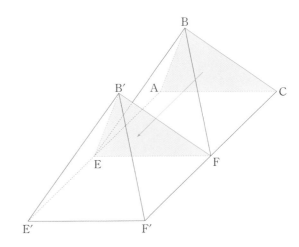

1점 B를 평행이동한 점을 B′이라 하면 $\overline{CF} = 2$ 이므로 $\overline{BB'} = 2$ 이다. 따라서 두 삼각형 BEF, B′EF는 정삼각형이고 정삼각형의 한 변의 길이가 $\overline{BB'}$과 같으므로 사면체 BB′EF는 정사면체이다.

즉, 두 평면 ABC 와 BEF 가 이루는 예각의 크기는 정사면체의 이웃한 두 면이 이루는 예각의 크기와 같다. 따라서 두 평면 ABC 와 BEF 가 이루는 예각의 크기를 θ_1 이라 하면 [실전 개념]-정사면체의 기본 성질^{해설 81p}에 의해

$$\cos\theta_1 = \frac{1}{3}$$

$$\rightarrow \quad S_1 = (\text{삼각형 } ABC \text{ 의 넓이}) \cdot \cos\theta_1 = \frac{\sqrt{3}}{3}$$

$$\therefore \quad S_1 + S_2 = \frac{2\sqrt{3}}{3}$$

정답 ①

E·24 ■■■■ | 2015.사관·B 20번 |

교과서적 해법 1

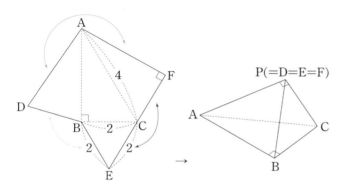

왼쪽 그림과 같이 선분 AD 와 AF, 선분 BD 와 BE, 선분 CE 와 CF 가 만나 오른쪽 그림과 같이 사면체가 되어야 한다.[1]

따라서 $\overline{CF} = \overline{CE} = 2$ 이므로 △ACF 에서 $\overline{AF} = 2\sqrt{3}$ 이고, △ACB ≡ △ACF 이다. 이때 두 평면 ACF, ABC 의 교선이 직선 AC 이므로 점 P(=F) 와 교선 AC 에서의 삼수선을 생각하면 된다.

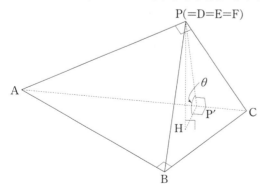

점 P(=F) 에서 평면 ABC 에 내린 수선의 발을 H, 직선 AC 에 내린 수선의 발을 P′ 라 하면 삼수선의 정리와 이면각의 정의에 의해

(직선 PH)⊥(평면 ABC), (직선 PP′)⊥(직선 P′H)

→ (직선 P′H)⊥(직선 AC)

→ ∠PP′H = θ

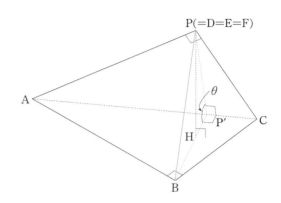

이때 △ACB ≡ △ACF 이므로 점 B 에서 직선 AC 에 내린 수선의 발은 점 F 에서 직선 AC 에 내린 수선의 발인 P′ 이다. 즉, 점 H 는 직선 BP′ 위의 점이므로

$$\theta = \angle PP'H = \angle PP'B$$

$\overline{BP} = \overline{BE} = 2$ 이고, △ABC 에서 $\overline{BC} = 2$, $\angle ACB = \frac{\pi}{3}$ 이므로 $\overline{BP'} = \sqrt{3}$ 이다. 따라서 △BPP′ 에서 코사인법칙에 의해

$$\cos\theta = \left| \frac{\overline{BP'}^2 + \overline{PP'}^2 - \overline{BP}^2}{2 \cdot \overline{BP'} \cdot \overline{PP'}} \right| = \left| \frac{(\sqrt{3})^2 + (\sqrt{3})^2 - 2^2}{2 \cdot \sqrt{3} \cdot \sqrt{3}} \right|$$
$$= \frac{1}{3}$$

교과서적 해법 2

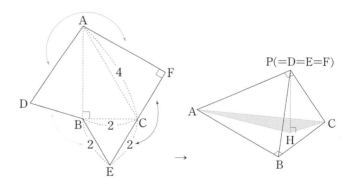

전개도에서 $\overline{CF} = \overline{CE} = 2$ 이므로 △ACF 의 넓이는 $2\sqrt{3}$ 임을 쉽게 알 수 있다. 따라서 위의 오른쪽 그림에서 점 P 에서 평면 ABC 에 내린 수선의 발을 H 라 할 때, △ACH 의 넓이만 구하면 된다. 따라서 점 H 의 위치가 문제 풀이의 관건이다.

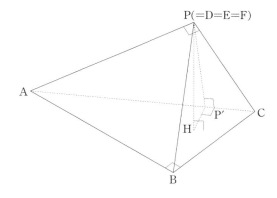

[교과서적 해법1]에서 점 P에서 선분 AC에 내린 수선의 발 P′에 대하여 삼수선의 정리를 통해 점 H에서 직선 AC에 내린 수선의 발이 점 P′인 것을 알았다.

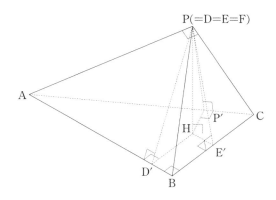

같은 방법을 통해 점 P에서 두 선분 AB, BC에 내린 수선의 발을 통해 점 H의 위치를 알 수 있다. 이를 전개도로 보면 다음과 같다.

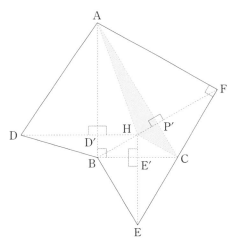

두 점 D, E에서 두 선분 AB, BC에 내린 수선의 발을 각각 D′, E′이라하면 △BCE는 정삼각형이므로 점 E′은 선분 BC의 중점이다. 따라서 $\overline{\mathrm{BE}'}=\overline{\mathrm{D}'\mathrm{H}}=1$이고 △ABC에서 $\overline{\mathrm{AB}}=2\sqrt{3}$이므로

$$(\triangle\mathrm{ABH}\text{의 넓이}) = \frac{1}{2}\cdot1\cdot2\sqrt{3} = \sqrt{3}$$

$\overline{\mathrm{AD}}=\overline{\mathrm{AF}}=2\sqrt{3}$이고 $\overline{\mathrm{AB}}=2\sqrt{3}$이므로 △ABD는 이등변삼각형이다. 이때 $\overline{\mathrm{BD}}=2$이므로 $\cos(\angle\mathrm{ABD})=\dfrac{\sqrt{3}}{6}$이고 $\overline{\mathrm{E}'\mathrm{H}}=\overline{\mathrm{BD}'}=\dfrac{\sqrt{3}}{3}$이다.

$$(\triangle\mathrm{BCH}\text{의 넓이}) = \frac{1}{2}\cdot2\cdot\frac{\sqrt{3}}{3} = \frac{\sqrt{3}}{3}$$

따라서 △ABC의 넓이는 $2\sqrt{3}$이므로

$$(\triangle\mathrm{ACH}\text{의 넓이}) = 2\sqrt{3}-\sqrt{3}-\frac{\sqrt{3}}{3} = \frac{2\sqrt{3}}{3}$$

$$\therefore\ \cos\theta = \frac{\dfrac{2\sqrt{3}}{3}}{2\sqrt{3}} = \frac{1}{3}$$

✅ **CHECK** 각주   해설 본문의 각주

1) 이 과정에서 세 점 D, E, F는 점 P로 모이게 된다.

정답 ⑤

E·25 | 2014.사관·B 19번 |
Pattern 12   Thema

교과서적 **해법**

정삼각형 ABC의 한 변의 길이를 a라 하면 두 직각삼각형 ABB′, ACC′에서 피타고라스의 정리에 의해

$$\overline{\mathrm{BB}'}=\sqrt{a^2-5},\quad \overline{\mathrm{CC}'}=\sqrt{a^2-3}$$

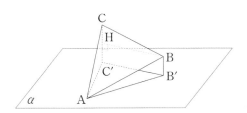

이때, 점 B에서 직선 CC′에 내린 수선의 발을 H라 하면 $\overline{\mathrm{BB}'}=\overline{\mathrm{HC}'}$이므로

$$\overline{\mathrm{HC}} = \overline{\mathrm{CC}'}-\overline{\mathrm{HC}'} = \sqrt{a^2-3}-\sqrt{a^2-5}\ \cdots\ Ⓐ$$

이고, $\overline{\mathrm{BH}}=\overline{\mathrm{B}'\mathrm{C}'}$이므로 △BHC에서

$$\overline{\mathrm{HC}} = \sqrt{a^2-4}\ \cdots\ Ⓑ$$

이다. Ⓐ과 Ⓑ를 연립하자.

$$\sqrt{a^2 - 4} = \sqrt{a^2 - 3} - \sqrt{a^2 - 5}$$
$$\rightarrow \quad a^2 - 4 = 2a^2 - 8 - 2\sqrt{(a^2-3)(a^2-5)}$$
$$\rightarrow \quad a^2 - 4 = 2\sqrt{(a^2-3)(a^2-5)}$$
$$\rightarrow \quad a^4 - 8a^2 + 16 = 4a^4 - 32a^2 + 60$$
$$\rightarrow \quad 3a^4 - 24a^2 + 44 = 0$$
$$\rightarrow \quad a^2 = \frac{12 \pm 2\sqrt{3}}{3}$$
$$\rightarrow \quad a^2 = \frac{12 + 2\sqrt{3}}{3} \quad \cdots 1)$$

$$\therefore \text{(정삼각형 ABC의 넓이)} = \frac{\sqrt{3}}{4}a^2 = \frac{1 + 2\sqrt{3}}{2}$$

 CHECK   **각주**   해설 본문의 각주

1) 선분 $B'C'$은 선분 BC에서 평면 α에 내린 정사영이므로

$$\overline{BC} \geq \overline{B'C'} \rightarrow a \geq 2 \rightarrow a^2 \geq 4$$

정답 ④

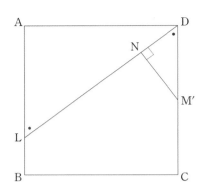

$$\angle ALD = \angle CDL \ (\because \text{엇각}), \quad \angle DAL = \angle M'ND = \frac{\pi}{2}$$
$$\rightarrow \quad \triangle ALD \infty \triangle NDM'$$

이때 $\triangle ALD$에서 $\overline{AD} = 20$, $\overline{AL} = 15$이므로 $\overline{DL} = 25$이고, $\overline{DM'} = 10$이므로

$$\overline{M'N} = \overline{DM'} \cdot \frac{\overline{AD}}{\overline{DL}} = 10 \cdot \frac{20}{25} = 8$$

$$\therefore \quad \overline{MN} = \sqrt{20^2 + 8^2} = 4\sqrt{29}$$

정답 ④

E·26   ■■■■ | 2013.10·B 18번 |

정답률 75%   Pattern   12   Thema

교과서적 **해법**

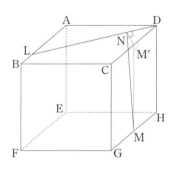

점 M에서 평면 ABCD에 내린 수선의 발을 M'이라 하면 $\overline{MM'} = 20$이므로 $M'N$의 길이만 알면 된다. 이때 삼수선의 정리에 의해

(직선 MN)⊥(직선 LD), (직선 MM')⊥(평면 ABCD)
→ (직선 $M'N$)⊥(직선 LD)

이므로 평면 ABCD에서

E·27   ■■■■ | 2013.사관·가 28번 변형 |

Pattern   12   Thema

교과서적 **해법**

두 평면 ABCD와 EFGH가 서로 평행하므로 두 평면 ABCD와 PMQ가 이루는 예각의 크기가 곧 θ와 같다. 이 각을 구하자.

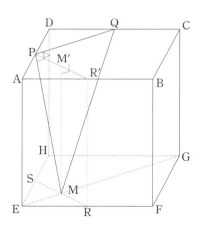

두 점 R, M에서 평면 ABCD에 내린 수선의 발을 각각 R', M'이라 하면 점 M'은 직선 PR' 위의 점이다.

이때 (직선 PQ)⊥(직선 PR')이므로 삼수선의 정리와 이면각의 정의에 의해

(직선 MM′)⊥(평면 ABCD), (직선 PM′)⊥(직선 PQ)

→ (직선 PM)⊥(직선 PQ)

→ ∠MPM′ = θ

정육면체의 한 변의 길이를 4라 하면 피타고라스의 정리에 의해

$$\overline{MM'} = 4, \quad \overline{PM'} = \sqrt{2}$$
$$\rightarrow \quad \overline{PM} = \sqrt{4^2 + (\sqrt{2})^2} = 3\sqrt{2}$$
$$\rightarrow \quad \tan\theta = 2\sqrt{2}, \quad \cos\theta = \frac{1}{3}$$

$$\therefore \tan^2\theta + \frac{1}{\cos^2\theta} = 8 + 9 = 17$$

정답   17

E·28

정답률 75% | 2012.10·가 18번 |

Pattern   12   Thema

교과서적 해법

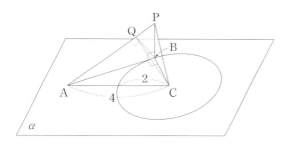

점 C와 직선 AP 사이의 거리를 구하기 위해 점 C에서 직선 AP에 내린 수선의 발을 Q라 하면 $\overline{CQ}$를 구해야 한다. 이때

(직선 BC)⊥(직선 AB), (직선 BC)⊥(직선 BP)

→ (직선 BC)⊥(평면 ABP)

이므로 삼수선의 정리에 의해

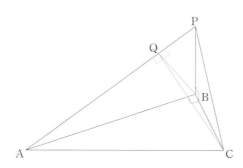

(직선 BC)⊥(평면 ABP), (직선 CQ)⊥(직선 AP)

→ (직선 BQ)⊥(직선 AP)

임을 알 수 있다. $\overline{BC} = 2$이고, 점 Q는 △ABP의 점 B에서 빗변 AP에 내린 수선의 발이므로

$$\overline{AB} = \sqrt{4^2 - 2^2} = 2\sqrt{3}, \quad \overline{BP} = 2$$
$$\rightarrow \quad \overline{AP} = \sqrt{(2\sqrt{3})^2 + 2^2} = 4$$
$$\rightarrow \quad \overline{BQ} = \frac{\overline{AB} \cdot \overline{BP}}{\overline{AP}} = \sqrt{3}$$

$$\therefore \overline{CQ} = \sqrt{(\sqrt{3})^2 + 2^2} = \sqrt{7}$$

정답   ②

E·29

정답률 44% | 2012.7·가 21번 |

Pattern   12   Thema

실전적 해법

이면각의 크기를 구하기 위해 삼수선의 정리를 활용하자. 두 평면 ABP, BCD의 교선은 직선 BP이므로 점 A와 교선 BP에서의 삼수선을 생각하면 된다.

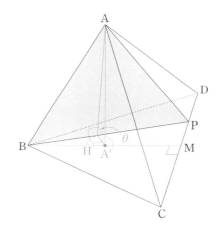

점 A에서 교선 BP에 내린 수선의 발을 H, 점 A에서 평면 BCD에 내린 수선의 발을 A′이라 하면 삼수선의 정리와 이면각의 정의에 의해

(직선 AA′)⊥(평면 BCD), (직선 AH)⊥(직선 BP)

→ (직선 A′H)⊥(직선 BP)

→ 이면각: ∠AHA′ = θ

이때 [실전 개념]-정사면체의 기본 성질해설 81p에 의해 점 A′은 △BCD의 무게중심이므로 선분 CD의 중점을 M, 정사면체 ABCD의 한 변의 길이를 6이라 하면

$$\overline{BA'} = \frac{2}{3} \cdot \overline{BM} = 2\sqrt{3}, \quad \overline{AA'} = 2\sqrt{6}$$

△BMP 에서 $\tan(\angle BMP) = \dfrac{\sqrt{3}}{6}$ 이므로

$$\sin(\angle BMP) = \dfrac{\sqrt{13}}{13}$$

$$\rightarrow \quad \overline{A'H} = \overline{BA'} \cdot \sin(\angle BMP) = \dfrac{2\sqrt{39}}{13}$$

$$\rightarrow \quad \tan\theta = \dfrac{\overline{AA'}}{\overline{A'H}} = \sqrt{26}$$

$$\therefore \quad \cos\theta = \dfrac{\sqrt{3}}{9}$$

정답 ②

E·30

| 2006.10·가 24번 |

정답률 75%   Pattern 12   Thema

교과서적 해법

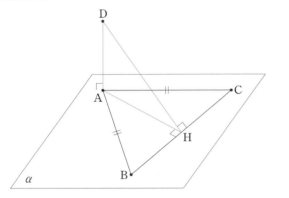

선분 BC 의 길이가 주어졌으므로 점 D 와 직선 BC 사이의 거리만 구하면 △DBC 의 넓이를 구할 수 있다. 점 D 에서 직선 BC 에 내린 수선의 발을 H 라 하면 삼수선의 정리에 의해

(직선 DA)⊥(평면 α), (직선 DH)⊥(직선 BC)
$\rightarrow$ (직선 AH)⊥(직선 BC)

이때 △ABC 가 $\overline{AB} = \overline{AC} = 10$ 인 이등변삼각형이므로 점 H 는 선분 BC 의 중점이고, △ABH 에서 피타고라스 정리에 의해

$$\overline{AH} = \sqrt{\overline{AB}^2 - \overline{BH}^2} = 8$$

이다. 따라서 △DAH 에서 피타고라스 정리에 의해

$$\overline{DH} = \sqrt{\overline{DA}^2 + \overline{AH}^2} = 10$$

$$\therefore \ (\triangle DBC \text{ 의 넓이}) = \dfrac{1}{2} \times \overline{DH} \times \overline{BC} = 60$$

정답 60

E·31

| 2005.10·가 13번 |

정답률 67%   Pattern 12   Thema

교과서적 해법

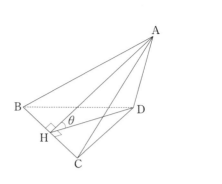

두 평면 ABC 와 BCD 의 교선이 직선 BC 이므로 점 A 에서 선분 BC 에 내린 수선의 발을 H 라 하면 △ABC 가 이등변삼각형이므로 점 H 는 선분 BC 의 중점이다. 같은 방법으로 점 D 에서 선분 BC 에 내린 수선의 발도 점 H 임을 알 수 있다.

따라서 이면각의 정의에 의해 $\angle AHD = \theta$ 이므로 $\cos\angle AHD$ 의 값을 구하면 된다.

두 삼각형 AHC 와 DHC 에서 피타고라스 정리에 의해

$$\overline{AH}^2 = \overline{AC}^2 - \overline{CH}^2 = 40 \quad \rightarrow \quad \overline{AH} = 2\sqrt{10}$$
$$\overline{DH}^2 = \overline{CD}^2 - \overline{CH}^2 = 16 \quad \rightarrow \quad \overline{DH} = 4$$

이고 △AHD 에서 코사인법칙을 이용하면

$$\cos\angle AHD = \dfrac{\overline{AH}^2 + \overline{DH}^2 - \overline{AD}^2}{2 \cdot \overline{AH} \cdot \overline{DH}} = \dfrac{(2\sqrt{10})^2 + 4^2 - 4^2}{2 \cdot 2\sqrt{10} \cdot 4}$$
$$= \dfrac{\sqrt{10}}{4}$$

정답 ④

E·32
CHALLENGE   정답률 3%   Pattern 11   Thema | 2018.10·가 29번|

교과서적 **해법**

주어진 조건들을 정리해 보면 (나)조건이 문제풀이의 관건임을 알수 있다.

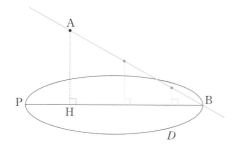

점 A에서 평면 D에 내린 수선의 발 H가 직선 BP 위에 있으므로 직선 AB의 평면 D 위로의 정사영은 직선 BP이고, 그에따라 직선 AB 위의 모든 점의 평면 D 위로의 정사영은 직선 BP 위에 놓인다는 것을 알 수 있다.

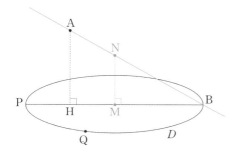

선분 BP를 지름으로 하는 원 D의 중심을 점 M이라 하자. 점 M을 지나고 평면 D에 수직인 직선을 생각해 보면 이 직선은직선 AH와 같이 직선 AB와 만나는 것을 알 수 있다. 이 점을 N이라 하자.

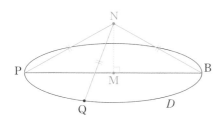

이때, 그림과 같이 원 위의 임의의 점 Q에 대하여 $\overline{NQ}$의 값은 변하지 않음을 알 수 있다. 또한 점 P가 움직여도 $\overline{BP}$의 값이 달라지지 않으므로 두 점 P, Q의 위치에 관계없이 $\overline{NQ}$의 값은 상수임을 알 수 있다.

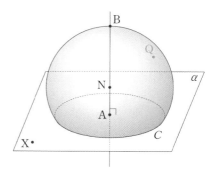

따라서 점 Q의 자취는 점 N과의 거리가 동일한 점들의 집합이다. 즉, 점 Q는 점 N과의 거리가 일정한 점의 집합, 곧 점 N을 중심으로 하는 구 위의 점이라고 할 수 있다. 따라서 선분 XQ의 길이가 최대인 상황은 세 점 X, N, Q가 일직선 위에 있는 상황임을 알 수 있다.

$$(\overline{XQ} \text{ 의 최댓값}) = \overline{XN} + (\text{구의 반지름 길이}) = \overline{XN} + \overline{NB}$$

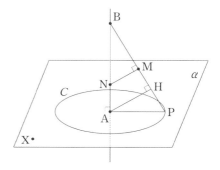

이때, $\overline{AP} = \sqrt{3}$, $\overline{AB} = 3$, $\angle APB = \dfrac{\pi}{3}$ 이므로

$$\overline{BP} = \sqrt{3+9} = 2\sqrt{3} \quad \rightarrow \quad \overline{BM} = \sqrt{3}$$

$$\overline{BH} = \overline{BA} \cdot \sin\frac{\pi}{3} = \frac{3\sqrt{3}}{2} \ (\because \ \angle BAH = \angle BPA)$$

$$\rightarrow \quad \overline{NB} = \overline{BA} \cdot \frac{2}{3} = 2 \ (\because \ \triangle BHA \backsim \triangle BMN)$$

또한 $\triangle NAX$ 에서 $\overline{AX} = 5$, $\overline{NA} = \overline{AB} - \overline{NB} = 1$ 이므로

$$\overline{XN} = \sqrt{\overline{XA}^2 + \overline{NA}^2} = \sqrt{5^2 + 1^2} = \sqrt{26}$$

$$\therefore \ (\overline{XQ} \text{ 의 최댓값}) = \overline{XN} + \overline{NB} = 2 + \sqrt{26}$$
$$\rightarrow \quad m+n = 2+26 = 28$$

정답 **28**

E·33

▨▨▨▨ ▨
▨▨▨▨▨

| 2025.사관·기하 29번 |

Pattern   12   Thema

교과서적 해법

(평면 OBD)⊥(평면 ABCD)이고 (직선 MH)⊥(평면 ABCD)이므로 (직선 MH)∥평면 ABCD), (직선 HM)⊥(직선 BD)이다.

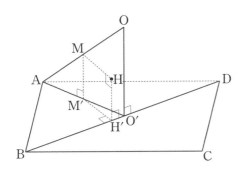

세 점 M, H, O에서 평면 ABCD에 내린 수선의 발을 각각 M′, H′, O′이라 하자. M은 OA의 중점이므로 △OAO′∽△MAM′이며 닮음비는 2 : 1이고, 따라서 다음을 얻는다.

$$\overline{HH'} = \overline{MM'} = \frac{1}{2}\overline{OO'} \cdots ⓐ$$

O′은 □ABCD의 두 대각선의 교점이므로 △BCD, △OBO′에서 각각 피타고라스의 정리를 이용하면

$$\overline{BO'} = \frac{1}{2}\overline{BD} = \frac{1}{2}\sqrt{\overline{BC}^2 + \overline{CD}^2} = \frac{1}{2}\sqrt{\sqrt{5}^2 + 2^2} = \frac{3}{2}$$

$$\rightarrow \overline{OO'} = \sqrt{\overline{OB}^2 - \overline{BO'}^2} = \sqrt{2^2 - \left(\frac{3}{2}\right)^2} = \frac{\sqrt{7}}{2}$$

이다. 따라서 ⓐ에 의해 $\overline{HH'} = \frac{\sqrt{7}}{4}$이다.

이제 $\overline{BH'}$를 구하자.

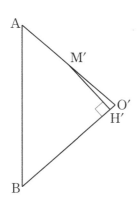

$\overline{AO'} = \overline{BO'} = \frac{3}{2}$이므로 △ABO′에서 코사인법칙을 적용하면

$$\cos\angle O' = \frac{\overline{AO'}^2 + \overline{BO'}^2 - \overline{AB}^2}{2 \cdot \overline{AO'} \cdot \overline{BO'}} = \frac{\left(\frac{3}{2}\right)^2 + \left(\frac{3}{2}\right)^2 - 2^2}{2 \cdot \frac{3}{2} \cdot \frac{3}{2}} = \frac{1}{9}$$

이다. (직선 M′H′)⊥(직선 BO′)이므로

$$\overline{M'O'} = \frac{1}{2}\overline{AO'} = \frac{3}{4}$$

$$\rightarrow \overline{H'O'} = \overline{M'O'}\cos\angle O' = \frac{1}{12}$$

$$\rightarrow \overline{BH'} = \overline{BO'} - \overline{H'O'} = \frac{3}{2} - \frac{1}{12} = \frac{17}{12}$$

이다.

$$\therefore k = \overline{BH} = \sqrt{\overline{BH'}^2 + \overline{HH'}^2} = \sqrt{\left(\frac{17}{12}\right)^2 + \left(\frac{\sqrt{7}}{4}\right)^2} = \frac{\sqrt{22}}{3}$$

$$\rightarrow 90k^2 = 220$$

정답 ▶ 220

E·34

▨▨▨▨ ▨

정답률 9%

| 2024.10·기하 30번 |

Pattern   12   Thema

교과서적 해법

두 점 P, Q는 각각 두 선분 BC, CD의 중점이므로

$$\overline{BP} = \overline{PC} = \overline{CQ} = \overline{QD} = 1$$

이다. 또한 점 R은 선분 CA를 1 : 7로 내분하는 점이므로

$$\overline{CR} = \frac{1}{2}, \quad \overline{RA} = \frac{7}{2}$$

을 만족시킨다. 이때,

$$\overline{AC} : \overline{PC} = \overline{BC} : \overline{RC} = 4 : 1, \quad \angle ACB = \angle PCR$$

이므로 △ABC∽△PCR(SAS닮음)이다. 닮음비는 4 : 1이므로

$$\overline{AC} : \overline{PR} = 4 : 1 \quad \rightarrow \quad \overline{PR} = 1$$

마찬가지 방법으로 △ACD∽△QRC(SAS닮음)이고, 닮음비는 4 : 1이므로 $\overline{QR} = 1$이다.

△CPQ는 $\angle PCQ = \frac{\pi}{2}$이고 $\overline{PC} = \overline{QC} = 1$인 직각이등변삼각형

이므로 $\overline{PQ}=\sqrt{2}$ 이다. 또한, $\overline{PQ}=\sqrt{2}$, $\overline{PR}=\overline{QR}=1$ 이므로 △PQR 도 직각이등변삼각형임을 알 수 있다.

따라서 선분 PQ 는 네 점 C, P, Q, R 을 모두 지나는 구의 한 지름이고, 구의 중심은 선분 PQ 의 중심이다. 구의 중심을 O 라 하면 $\overline{OP}=\dfrac{\sqrt{2}}{2}$ 이므로 구의 반지름의 길이는 $\dfrac{\sqrt{2}}{2}$ 이다.

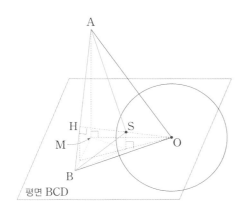

이때 점 O 에서 직선 AB 에 내린 수선의 발을 H 라 하면 점 S 는 선분 OH 위의 점이므로

(△ABS의 넓이) = (△ABO 의 넓이)$\times\dfrac{\overline{SH}}{\overline{OH}}$

이때 두 삼각형 ABS, ABO 는 같은 평면 위에 있으므로

(△ABS의 정사영의 넓이)

$$= (\triangle ABO \text{ 의 정사영의 넓이})\times\dfrac{\overline{SH}}{\overline{OH}}$$

이고, 점 A 에서 평면 BCD 에 내린 수선의 발은 정사각형 BCDE 의 두 대각선의 교점 M 이므로 문제에서 묻는 값은

(△MBO 의 넓이)$\times\dfrac{\overline{SH}}{\overline{OH}}$

이다. 이때, $\overline{MB}=\sqrt{2}$, $\overline{OM}=\dfrac{\sqrt{2}}{2}$, $\overline{OS}=\dfrac{\sqrt{2}}{2}$ 이므로

(△MBO 의 넓이)$\times\dfrac{\overline{SH}}{\overline{OH}}=\dfrac{1}{2}\times\dfrac{\overline{OH}-\dfrac{\sqrt{2}}{2}}{\overline{OH}}$ ⋯ Ⓐ

따라서 $\overline{OH}$ 만 구하면 된다.

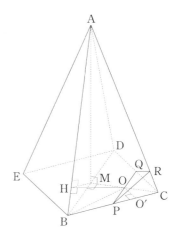

두 평면 ABD, BCD 가 서로 수직이므로 점 O 에서 평면 ABD 에 내린 수선의 발은 점 O 에서 두 평면의 교선 BD 에 내린 수선의 발이다. 이때 점 O 는 정사각형의 대각선 CE 위의 점이므로 점 O 에서 교선 BD 에 내린 수선의 발이 M 임을 알 수 있다. 따라서 삼수선의 정리에 의해

(직선 OH)⊥(직선 AB), (직선 OM)⊥(평면 ABD)
→ (직선 MH)⊥(직선 AB)

이때 △BMH 에서

$$\cos(\angle ABM)=\dfrac{\sqrt{2}}{4} \rightarrow \overline{BH}=\overline{BM}\cdot\cos(\angle ABM)=\dfrac{1}{2}$$

이고, 점 O 에서 직선 BC 에 내린 수선의 발 O′ 에 대하여 $\overline{OO'}=\dfrac{1}{2}$, $\overline{BO'}=\dfrac{3}{2}$ 이므로

$$\overline{BO}=\sqrt{\overline{OO'}^2+\overline{BO'}^2}=\sqrt{\left(\dfrac{1}{2}\right)^2+\left(\dfrac{3}{2}\right)^2}=\dfrac{\sqrt{10}}{2}$$

$$\Downarrow$$

$$\overline{OH}=\sqrt{\overline{BO}^2+\overline{BH}^2}=\sqrt{\left(\dfrac{\sqrt{10}}{2}\right)^2-\dfrac{1}{2}}=\dfrac{3}{2}$$

이다. 구한 $\overline{OH}$ 의 값을 Ⓐ에 대입하면

$$(\text{정사영의 넓이})=\dfrac{1}{2}\times\dfrac{\dfrac{3}{2}-\dfrac{\sqrt{2}}{2}}{\dfrac{3}{2}}=\dfrac{1}{2}-\dfrac{\sqrt{2}}{6}$$

$$\rightarrow p=\dfrac{1}{2}, q=-\dfrac{1}{6}$$

$$\therefore 60\times(p+q)=20$$

E·35

정답률 10%   Pattern 12   Thema

교과서적 해법

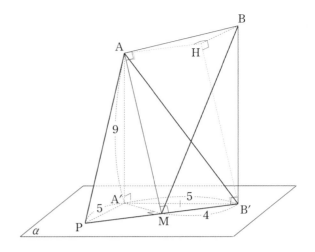

$\triangle A'PB'$ 은 이등변삼각형이므로 두 직선 A'M, B'M은 서로 수직이다. 따라서 삼수선의 정리에 의해

> (직선 A′M)⊥(직선 B′M), (직선 AA′)⊥(평면 α)
> → (직선 AM)⊥(직선 B′M)

따라서 두 직각삼각형 A′B′M, AA′M에서 피타고라스의 정리에 의해

$$\overline{A'M} = \sqrt{5^2-4^2} = 3, \quad \overline{AM} = \sqrt{9^2+3^2} = 3\sqrt{10}$$

두 직선 AA′, BB′은 서로 평행이므로 점 A에서 직선 BB′에 내린 수선의 발을 A″이라 하면 $\overline{AA''}=\overline{A'B'}=5$이다. 따라서 $\overline{A''B}=a$라 하면 두 직각삼각형 AA″B, ABM에서 피타고라스의 정리에 의해

$$\begin{aligned}\overline{AB} &= \sqrt{5^2+a^2} &&= \sqrt{a^2+25}\\ \overline{BM} &= \sqrt{(a^2+25)+(3\sqrt{10})^2} &&= \sqrt{a^2+115}\end{aligned}$$

이고, $\triangle BB'M$에서 피타고라스의 정리에 의해

$$\overline{BM} = \sqrt{(a+9)^2+4^2} = \sqrt{a^2+18a+97}$$
$$\rightarrow \quad a=1, \quad \overline{BM} = \sqrt{116} \quad \cdots^{[1]}$$

점 B에서 평면 APB′에 수선의 발을 H라 하면 삼수선의 정리에 의해

> (직선 AB)⊥(직선 AM), (직선 BH)⊥(평면 APB′)
> → (직선 AH)⊥(직선 AM)

이고,

> (직선 BB′)⊥(직선 PB′), (직선 BH)⊥(평면 APB′)
> → (직선 B′H)⊥(직선 PB′)

이므로 사각형 AMB′H는 직사각형이다. 따라서 $\overline{AH}=\overline{B'M}=4$이므로 $\triangle AHM$에서 피타고라스의 정리에 의해

$$\overline{HM} = \sqrt{4^2+(3\sqrt{10})^2} = \sqrt{106}$$
$$\therefore \cos^2\theta = \frac{\overline{HM}^2}{\overline{BM}^2} = \frac{106}{116} = \frac{53}{58} \quad \rightarrow \quad p+q=111$$

✅ CHECK **각주**
해설 본문의 각주

[1] 문제에서 묻는 값이 $\cos^2\theta$ 이므로 유리화를 하지 않는 것이 이후의 계산에 용이할 것이라고 추측할 수 있다.

정답 111

E·36
CHALLENGE   정답률 17% | Pattern 12 | Thema | | 2022.10·기하 30번 |

교과서적 해법

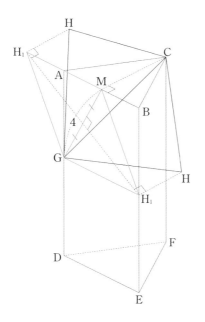

(가)조건을 먼저 해석해 보자. 점 C에서 평면 ADEB에 내린 수선의 발은 선분 AB의 중점 M이다. 이때 $\overline{AM}=2$, $\overline{AG}=2\sqrt{3}$ 이므로 $\overline{MG}=4$이다. 따라서 점 H에서 평면 ADEB에 내린 수선의 발을 H_1이라 하면 $\triangle MGH_1$은 한 변의 길이가 4인 정삼각형이므로 점 H_1은 선분 MG의 수직이등분선 위에 있다.[1]

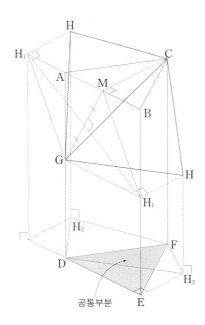

공통부분

점 H는 점 H_1을 지나고 평면 ADEB에 수직인 직선 위에 있다. 이때, (나)조건에 의해 $\triangle CGH$의 평면 DEF 위로의 정사영과 $\triangle DEF$의 공통부분이 존재해야 하므로 점 H_1은 선분 BE 위의 점이다.

$\triangle DEF$의 넓이가 $4\sqrt{3}$이므로 (나)조건에 의해 두 직선 EF, DH_2의 교점은 선분 EF의 중점 N에 있어야 된다. 이제 $\triangle CGH$의 평면 ADFC 위로의 정사영의 넓이를 구해보자. 이때

(선분 GH_1)⊥(선분 BE), (선분 HH_1)⊥(선분 BE)
→ (평면 GHH_1)⊥(선분 BE)

이므로 선분 GH는 평면 DEF와 평행하다. 따라서 선분 GH가 선분 DH_2가 되도록 $\triangle CGH$를 평행이동할 수 있다.

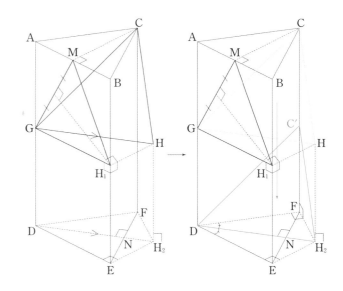

∠FDN = ∠EDN이므로 $\triangle FDH_2 \equiv \triangle EDH_2$이다. 따라서 점 H_2에서 평면 ADFC에 내린 수선의 발은 점 F이므로 $\triangle C'DF$의 넓이만 구하면 된다. 이때 $\overline{C'F}=\overline{AG}=2\sqrt{3}$이므로

$$(\triangle C'DF \text{ 의 넓이}) = \frac{1}{2}\cdot\overline{DF}\cdot\overline{C'F} = 4\sqrt{3} = S$$

$$\therefore\ S^2 = 48$$

CHECK 각주   해설 본문의 각주

1) 실전이라면 발문의 그림을 보고 두 점 H, H_1의 위치를 바로 특정하여 그대로 문제를 해결하면 된다. 하지만 공부하는 입장에서는 [교과서적 해법]과 같이 문제의 조건을 통해 두 점 H, H_1의 위치를 특정해봐야 한다.

정답 48

교과서적 해법

$\triangle$PAB 의 평면 PAC 위로의 정사영의 넓이를 구하기 위해선 $\triangle$PAB 의 넓이와 두 평면이 이루는 이면각을 알아야 한다.

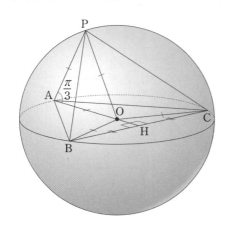

점 A 에서 직선 BC 에 내린 수선의 발을 H 라 하면

$$\angle OHB = \angle OHC = \frac{\pi}{2}, \quad \overline{OB} = \overline{OC} = 4$$

$$\rightarrow \quad \overline{BH} = \overline{CH} \ (\because \ \triangle OBH \equiv \triangle OCH)$$

$$\rightarrow \quad \overline{AB} = \overline{AC}$$

(가)조건에서 $\angle PAO = \frac{\pi}{3}$ 이고 $\overline{OA} = \overline{OP} = 4$ 이므로 $\triangle PAO$ 는 정삼각형이다.

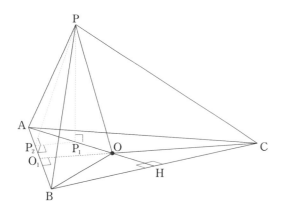

(나)조건에 의해 점 P 에서 직선 OA 에 내린 수선의 발을 P_1 이라 하면 $\overline{AP_1} = \overline{OP_1} = 2$ 이다. 이때 점 P 에서 직선 AB 에 내린 수선의 발을 P_2 라 하면

$$\overline{AP_2} = \overline{AP}\cos(\angle PAB) = \frac{\sqrt{10}}{2}$$

이고 삼수선의 정리에 의해

(직선 PP_1) $\perp$ (평면 ABC), (직선 PP_2) $\perp$ (직선 AB)

$\rightarrow$ (직선 P_1P_2) $\perp$ (직선 AB)

$$\rightarrow \quad \cos(\angle BAH) = \frac{\overline{AP_2}}{\overline{AP_1}} = \frac{\sqrt{10}}{4}$$

따라서 점 O 에서 직선 AB 에 내린 수선의 발을 O_1 이라 하면

$$\overline{AO_1} = \overline{OA}\cos(\angle BAH) = \sqrt{10} \quad \rightarrow \quad \overline{AB} = 2\sqrt{10}$$

$\cos(\angle PAB) = \dfrac{\sqrt{10}}{8}$ 이므로 $\sin(\angle PAB) = \dfrac{3\sqrt{6}}{8}$ 이다. 따라서

$$(\triangle PAB \text{ 의 넓이}) = \frac{1}{2} \cdot \overline{AP} \cdot \overline{AB} \cdot \sin(\angle PAB)$$

$$= \frac{1}{2} \cdot 4 \cdot 2\sqrt{10} \cdot \frac{3\sqrt{6}}{8} = 3\sqrt{15}$$

이제 두 평면 PAB, PAC 의 이면각만 구하면 된다. 이때 (나)조건에 의해 $\overline{P_1B} = \overline{P_1C}$ 이므로 $\overline{PB} = \overline{PC}$ 이다. 즉, $\triangle PAB \equiv \triangle PAC$ 이므로 두 점 B, C 에서 직선 AP 에 내린 수선의 발은 서로 일치한다. 이 점을 D 라 하면 $\angle BDC$ 를 구하면 된다.

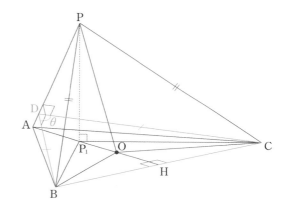

$$\sin(\angle PAB) = \frac{3\sqrt{6}}{8}, \quad \overline{AB} = 2\sqrt{10} \quad \rightarrow \quad \overline{BD} = \frac{3\sqrt{15}}{2}$$

이므로 $\overline{CD} = \dfrac{3\sqrt{15}}{2}$ 이고 $\overline{BC}$ 만 알면 $\cos(\angle BDC)$ 를 알 수 있다. $\cos(\angle BAH) = \dfrac{\sqrt{10}}{4}$ 이므로 $\sin(\angle BAH) = \dfrac{\sqrt{6}}{4}$ 이다. 따라서

$$\overline{BH} = \overline{AB}\sin(\angle BAH) = \sqrt{15} \quad \rightarrow \quad \overline{BC} = 2\sqrt{15}$$

이므로

$$\cos(\angle BDC) = \frac{\overline{BD}^2 + \overline{CD}^2 - \overline{BC}^2}{2 \cdot \overline{BD} \cdot \overline{CD}}$$

$$= \frac{\dfrac{135}{4} + \dfrac{135}{4} - 60}{2 \cdot \dfrac{3\sqrt{15}}{2} \cdot \dfrac{3\sqrt{15}}{2}} = \frac{1}{9}$$

$$\rightarrow \quad S = (\triangle PAB \text{의 넓이}) \times \cos(\angle BDC) = \frac{\sqrt{15}}{3}$$

$$\therefore \quad 30 \times S^2 = 30 \times \frac{15}{9} = 50$$

정답   50

E·38

| 2022.사관·기하 28번 |

Pattern   12   Thema

교과서적 해법

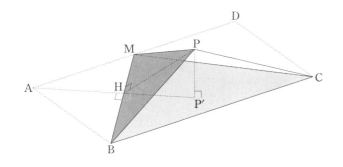

$\triangle ABM \equiv \triangle PBM$ 이므로 점 A 에서 직선 BM 에 내린 수선의 발을 H 라 하면 (직선 PH)⊥(직선 BM)이다. 따라서 점 P 에서 평면 BCM 에 내린 수선의 발을 P′ 이라 하면 삼수선의 정리와 이면각의 정의에 의해

　(직선 PH)⊥(직선 BM),　(직선 PP′)⊥(평면 BCM)
　→　(직선 P′H)⊥(직선 BM)
　→　∠PHP′ = θ

이므로 $\cos\theta = \dfrac{\overline{P'H}}{\overline{PH}} = \dfrac{\overline{P'H}}{\overline{AH}}$ 이다. 이때 피타고라스의 정리에 의해 $\overline{BM} = 4$ 이므로

$$\overline{AH} = \frac{\overline{AM} \cdot \overline{AB}}{\overline{BM}} = \frac{3\sqrt{7}}{4}$$

따라서 $\overline{P'H}$ 의 값만 구하면 $\cos\theta$ 의 값을 구할 수 있다. 이때 점 P 는 점 M 을 중점으로 가지는 두 점 A, D 를 접어올린 점이므로 (직선 PM)⊥(직선 AD)이다. 따라서 삼수선의 정리에 의해

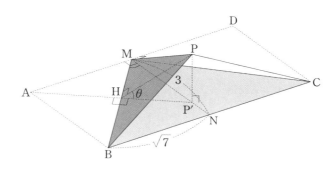

　(직선 PM)⊥(직선 AD),　(직선 PP′)⊥(평면 BCM)
　→　(직선 AD)⊥(직선 P′M)

이므로 선분 BC 의 중점을 N 이라 하면 점 P′ 은 두 직선 AH, MN 의 교점이다. 이때 △AMH 에서 피타고라스의 정리에 의해

$$\overline{MH} = \sqrt{(\sqrt{7})^2 - \left(\frac{3\sqrt{7}}{4}\right)^2} = \frac{7}{4}$$

이고 $\tan(\angle BMN) = \dfrac{\overline{BN}}{\overline{MN}} = \dfrac{\sqrt{7}}{3}$ 이므로

$$\overline{P'H} = \overline{MH} \cdot \tan(\angle BMN) = \frac{7\sqrt{7}}{12}$$

$$\therefore \quad \cos\theta = \frac{\overline{P'H}}{\overline{AH}} = \frac{7}{9}$$

정답   ⑤

E·39   정답률 21% | 2021.10·기하 30번 |

Pattern 12   Thema

교과서적 해법

(가)조건에서 ∠AEH = ∠DAH = α 라 하면 ∠AHE = $\dfrac{\pi}{2}$ 이므로

$$\angle \text{EAH} = \dfrac{\pi}{2} - \alpha \quad \rightarrow \quad \angle \text{DAE} = \dfrac{\pi}{2}$$

임을 알 수 있고, (나)조건에서 점 E가 선분 CD를 지름으로 하는 원 위의 점이므로 ∠DEC = $\dfrac{\pi}{2}$ 이다. 따라서 삼수선의 정리에 의해

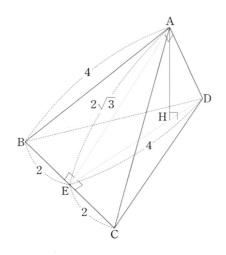

(직선 AH)⊥(평면 BCD), (직선 DE)⊥(직선 CE)

→ (직선 AE)⊥(직선 CE)

→ 정삼각형 ABC에서 점 E는 선분 BC의 중점

따라서 △BDE에서 $\overline{\text{BD}} = 2\sqrt{5}$, △EAD에서 $\overline{\text{AD}} = 2$ 이다. 이때 ∠ADH = $\dfrac{\pi}{3}$ 이므로

$$\overline{\text{AH}} = \overline{\text{AD}} \sin\dfrac{\pi}{3} = \sqrt{3}, \quad \overline{\text{DH}} = \overline{\text{AD}} \cos\dfrac{\pi}{3} = 1$$

→ (△AHD 의 넓이) = $\dfrac{\sqrt{3}}{2}$

이제 두 평면 AHD, ABD 의 이면각 θ 를 구하면 되는데, △AHD 는 평면 EAD 위에 있으므로 두 평면 EAD, ABD 의 이면각을 구해도 된다. 이때 △ABD 에서

$$\overline{\text{AB}} = 4, \quad \overline{\text{AD}} = 2, \quad \overline{\text{BD}} = 2\sqrt{5} \quad \rightarrow \quad \angle \text{BAD} = \dfrac{\pi}{2}$$

이고 ∠EAD = $\dfrac{\pi}{2}$ 이므로 θ = ∠BAE = $\dfrac{\pi}{6}$ 이다. 따라서 △AHD 의 평면 ABD 위로의 정사영의 넓이는

110

$$(\triangle \text{AHD 의 넓이}) \cdot \cos\theta = \left(\dfrac{\sqrt{3}}{2}\right) \cos\dfrac{\pi}{6} = \dfrac{3}{4}$$

$$\therefore \quad p + q = 7$$

정답 **7**

E·40 CHALLENGE   정답률 16% | 2023.7·기하 30번 |

Pattern 12   Thema

교과서적 해법

구의 반지름의 길이가 4이고 $\overline{\text{AB}} = 8$ 이므로 선분 AB 는 구의 지름이다.

(가)조건에서 점 D에서 직선 OC 에 내린 수선의 발이 O이고, 점 D에서 평면 ABC 에 내린 수선의 발이 H이므로, 삼수선의 정리에 의해 (직선 OH)⊥(직선 OC)이다.

또한 (나)조건에서 (직선 AD)⊥(직선 OH)이고, 점 H는 D에서 평면 ABC 에 내린 수선의 발이므로

(직선 OH)⊥(직선 DH)

이다. 즉, 직선 OH가 평면 ADH 위의 두 직선 AD, DH와 각각 수직이므로, (직선 OH)⊥(평면 ADH)이다.

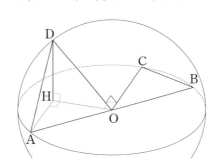

따라서 직선 OH는 평면 ADH 위의 직선 AH와도 수직이다. 즉, ∠OHA = $\dfrac{\pi}{2}$ 이고, ∠HOC = $\dfrac{\pi}{2}$ 인 것을 고려하면 (직선 AH)∥(직선 OC)임을 알 수 있다.

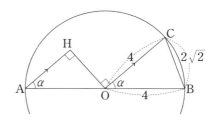

위 그림에서 ∠COB = ∠OAH = α 라 하자. △OBC 에서 $\overline{\text{OB}} = \overline{\text{OC}} = 4$, $\overline{\text{BC}} = 2\sqrt{2}$ 이므로 코사인법칙에 의해

$$\cos\alpha = \frac{4^2 + 4^2 - (2\sqrt{2})^2}{2\cdot 4\cdot 4} = \frac{3}{4} \quad \rightarrow \quad \sin\alpha = \frac{\sqrt{7}}{4}$$

$$\Downarrow$$

$$\overline{AH} = \overline{OA}\cos\alpha = 3, \quad \overline{OH} = \overline{OA}\sin\alpha = \sqrt{7}$$

이고 △ODH 에서 $\overline{OD}=4$, $\overline{OH}=\sqrt{7}$ 이므로 피타고라스의 정리에 의해 $\overline{DH}=3$ 이고, 따라서

$$(\text{△DAH의 넓이}) = \frac{1}{2}\cdot\overline{AH}\cdot\overline{DH} = \frac{9}{2}$$

이제 두 평면 DAH 와 DOC 가 이루는 이면각의 크기를 구하자. (직선 AH) ∥ (직선 OC)이므로 평면 ADH를 점 A 가 O 가 되도록 평행이동한 평면 OH′D′ 을 생각하자.

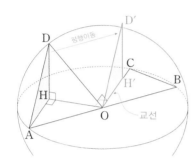

그러면 직선 OC 가 교선이 되므로 이를 이용하여 이면각을 작도하면 된다. 점 D 에서 평면 OH′D′ 에 수선의 발 G를 내리면 삼수선의 정리에 의해 $\angle DGO = \frac{\pi}{2}$ 이고, 이면각의 정의에 의해 $\angle DOG$ 가 구하는 이면각의 크기이다.

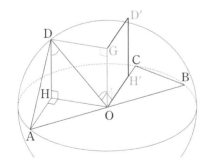

이때 (직선 OG) ∥ (직선 DH)이므로,[1] $\angle DOG = \angle ODH$ 이다. △DOH 에서

$$\cos\angle ODH = \frac{\overline{DH}}{\overline{OD}} = \frac{3}{4}$$

이므로 △DAH 의 평면 DOC 위로의 정사영의 넓이는

$$S = (\text{△DAH의 넓이})\times\cos\angle ODH = \frac{27}{8}$$

$$\therefore 8S = 27$$

✅ CHECK   각주   해설 본문의 각주

1) 직선 DH 의 평면 OH′D′ 위로의 정사영이 직선 OG 이고
   (직선 DH) ∥ (평면 OH′D′)이므로 (직선 OG) ∥ (직선 DH)이다.

정답 27

E·41   정답률 77% | 2014.10·B 21번 |
                          Pattern 12   Thema   9

실전적 해법

두 평면 MCA, NCA 의 교선이 CA 이므로 교선 CA 에 대하여 양쪽 직각을 찾아야 한다. 이때 $\overline{MA}=\overline{MC}=\sqrt{3}$, $\overline{NA}=\overline{NC}=\sqrt{5}$ 이므로 두 삼각형 MCA, NCA 는 이등변삼각형이다.

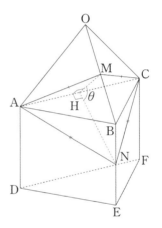

따라서 두 점 M, N에서 선분 AC 에 내린 수선의 발은 선분 AC 의 중점이다. 이 점을 H 라 하면 이면각의 정의에 의해 $\angle MHN = \theta$ 이다.

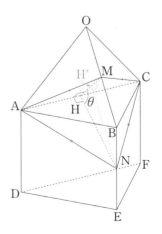

점 N에서 평면 MCA 에 내린 수선의 발을 H′ 이라 하면 삼수선의 정리에 의해

(직선 AC)⊥(직선 NH), (직선 NH′)⊥(평면 MCA)

→ (직선 HH′)⊥(직선 AC)

이므로 점 H′은 직선 MH 위의 점이고 $\cos\theta = \dfrac{\overline{HH'}}{\overline{NH}}$이다.

따라서 $\overline{NH}$, $\overline{HH'}$의 값을 구하면 된다. $\overline{NA} = \sqrt{5}$, $\overline{AH} = 1$이므로 $\overline{NH} = 2$이고, $\overline{HH'}$의 값을 구하기 위해 공간도형에서의 단면화 $^{Thema\ 34p}$를 활용하여 평면 MHN으로 단면화 하면 다음과 같다.

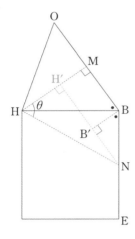

점 B에서 선분 NH′에 내린 수선의 발을 B′이라 하면 $\overline{MH'} = \overline{BB'}$이다. 이때, $\overline{BH} = \sqrt{3}$, $\overline{BM} = 1$이므로

$$\cos(\angle NBB') = \cos(\angle HBM) = \frac{\sqrt{3}}{3}$$

이고 $\overline{BN} = 1$이므로

$$\overline{MH'} = \overline{BB'} = \frac{\sqrt{3}}{3}$$

$$\rightarrow \quad \overline{HH'} = \overline{MH} - \overline{MH'} = \sqrt{2} - \frac{\sqrt{3}}{3}$$

$$\therefore \quad \cos\theta = \frac{\overline{HH'}}{\overline{NH}} = \frac{\sqrt{2} - \dfrac{\sqrt{3}}{3}}{2} = \frac{3\sqrt{2} - \sqrt{3}}{6}$$

정답 ③

3. 공간도형과 공간좌표

3-1 공간도형
3-2 공간좌표

F·01

| 2021.10·기하 27번 |
정답률 65%
Pattern   13   Thema   9

실전적 해법

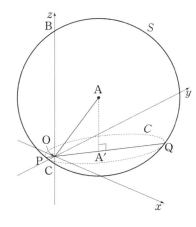

구 S와 xy평면이 만나서 생기는 원을 C, 점 A에서 xy평면에 내린 수선의 발을 A′이라 하고, 직선 OA′과 원 C가 만나는 두 점을 P, Q라 하면 원 C의 넓이가 25π이므로 $\overline{\text{A′P}}=\overline{\text{A′Q}}=5$이다. 상황을 파악하기 위해 공간도형에서의 단면화[Thema 34p]를 활용하자. 주어진 그림을 평면 OAA′으로 단면화하면 다음과 같다.

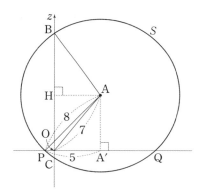

점 P는 구 S 위의 점이므로 $\overline{\text{AP}}=8$이다. 따라서 두 직각삼각형 AA′P, AA′O에서 피타고라스의 정리에 의해

$$\overline{\text{AA′}}=\sqrt{8^2-5^2}=\sqrt{39} \quad \rightarrow \quad \overline{\text{A′O}}=\sqrt{7^2-(\sqrt{39})^2}=\sqrt{10}$$

즉, 점 A에서 z축에 내린 수선의 발 H에 대하여 $\overline{\text{AH}}=\sqrt{10}$이므로 피타고라스의 정리에 의해 $\overline{\text{BC}}$를 구할 수 있다.

$$\therefore \overline{\text{BH}}=\sqrt{8^2-(\sqrt{10})^2}=3\sqrt{6} \quad \rightarrow \quad \overline{\text{BC}}=6\sqrt{6}$$

정답 ⑤

F·02

| 2020.사관·가 11번 |
Pattern   13   Thema

교과서적 해법

내분점이 y축 위에 있다는 것은 x좌표와 z좌표가 모두 0이라는 것이다. 내분점 공식에 의해

(점 A의 x좌표)=2, (점 B의 x좌표)=a
$\rightarrow$ (1:2 내분점의 x좌표) $=\dfrac{1\cdot a+2\cdot 2}{1+2}=\dfrac{a+4}{3}=0$
$\rightarrow a=-4$

(점 A의 z좌표)=1, (점 B의 z좌표)=c
$\rightarrow$ (1:2 내분점의 z좌표) $=\dfrac{1\cdot c+2\cdot 1}{1+2}=\dfrac{c+2}{3}=0$
$\rightarrow c=-2$

따라서 점 B의 좌표는 $(-4,\,b,\,-2)$이다. 문제에서 직선 AB와 xy평면이 이루는 각에 대한 조건이 주어졌으므로 [저자의 특강]-직선과 평면이 이루는 각을 구하는 알고리즘[해설 77p]을 생각하자. 두 점 A, B의 좌표가 모두 공간좌표 위에 있으므로 정사영을 활용해 보자.

$\tan\theta=\dfrac{\sqrt{2}}{4}$이므로 $\cos\theta=\dfrac{2\sqrt{2}}{3}$이고, 두 점 A, B에서 xy평면에 내린 수선의 발을 각각 A′, B′이라 하면

$$\overline{\text{A′B′}}=\overline{\text{AB}}\cos\theta$$

이때 A′$(2,\,2,\,0)$, B′$(-4,\,b,\,0)$이므로

$$\overline{\text{AB}}=\sqrt{(2+4)^2+(2-b)^2+(1+2)^2}=\sqrt{b^2-4b+49}$$
$$\overline{\text{A′B′}}=\sqrt{(2+4)^2+(2-b)^2}\qquad=\sqrt{b^2-4b+40}$$
$$\Downarrow$$
$$\sqrt{b^2-4b+40}=\dfrac{2\sqrt{2}}{3}\times\sqrt{b^2-4b+49}$$
$$\rightarrow 9(b^2-4b+40)=8(b^2-4b+49)$$
$$\rightarrow b^2-4b-32=0$$
$$\rightarrow b=-4 \text{ 또는 } b=8$$

따라서 조건을 만족시키는 양수 b의 값은 8이다.

정답 ③

F·03
정답률 60%   Pattern 13   Thema

| 2015.7·B 27번 |

교과서적 해법

선분 AB 의 중점을 N 이라 하면

$$(\text{직선 FM}) \perp (\text{직선 DE}), \quad (\text{직선 MN}) \perp (\text{평면 DEF})$$

이므로 주어진 그림에 점 M 을 원점으로 하고, 세 직선 FM, DE, MN 을 각각 x 축, y 축, z 축으로 하는 좌표공간을 적용하자.

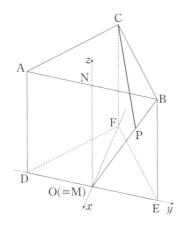

점 M 은 원점이고, 점 B 의 좌표는 $(0, 3, 6)$ 이므로 선분 BM 의 $1 : 2$ 내분점 P 의 좌표는 $(0, 2, 4)$ 이다. 이때 점 C 의 좌표는 $(-3\sqrt{3}, 0, 6)$ 이므로

$$\overline{CP}^2 = l^2 = (3\sqrt{3})^2 + 2^2 + 2^2 = 35$$

$$\therefore \ 10l^2 = 10 \cdot 35 = 350$$

정답   350

F·04
정답률 89%   Pattern 13   Thema

| 2015.7·B 15번 |

교과서적 해법

점 P 에서 직선 BC 까지의 거리를 구하기 위해 점 P 에서 직선 BC 에 내린 수선의 발을 구해야 한다. 이 점을 H 라 하면 삼수선의 정리에 의해

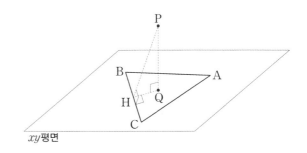

$$(\text{직선 PH}) \perp (\text{직선 BC}), \quad (\text{직선 PQ}) \perp (xy\,\text{평면})$$
$$\rightarrow \ (\text{직선 QH}) \perp (\text{직선 BC})$$

이때 △ABC 는 $\overline{AB} = \overline{AC}$ 인 이등변삼각형이므로 선분 BC 의 수직이등분선 위에 점 A 와 무게중심 Q 가 있음을 쉽게 알 수 있다. 즉, 점 H 는 선분 BC 의 중점이다.

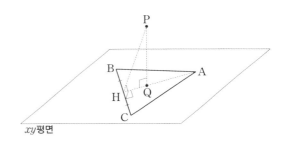

점 Q 는 점 P 에서 xy 평면에 내린 정사영이므로 $\overline{PQ} = 4$ 이고

$$\overline{AH} = \sqrt{\overline{AC}^2 - \overline{CH}^2} = 3\sqrt{2}$$
$$\rightarrow \ \overline{QH} = \frac{\overline{AH}}{3} = \sqrt{2}$$
$$\rightarrow \ \overline{PH} = \sqrt{\overline{PQ}^2 + \overline{QH}^2} = 3\sqrt{2}$$

$$\therefore \ (\text{점 P 에서 직선 BC 까지의 거리}) = \overline{PH} = 3\sqrt{2}$$

정답   ①

F·05

교과서적 해법

구의 중심을 S$(6, -1, 5)$, 원의 중심을 C$(0, 2, 1)$이라 하면 문제의 상황은 다음과 같다.

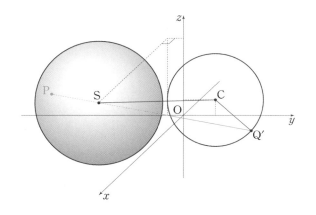

이때 그림과 같이 원 위의 어떤 점 Q′에 대하여 구 위의 점 P가 직선 SQ′ 위에 있으면

$$(\overline{PQ'} \text{의 최댓값}) = \overline{SQ'} + 4$$

임을 쉽게 알 수 있다. 따라서 $\overline{SQ}$의 최댓값을 구하면 되므로 문제의 상황을 yz평면 밖의 고정된 점 S와 yz평면 위에 있는 원 위의 점 Q에 대한 상황으로 해석할 수 있다.

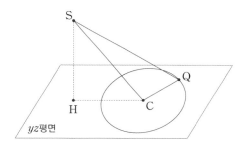

점 S에서 yz평면에 내린 수선의 발을 H$(0, -1, 5)$라 하면 $\overline{SH} = 6$이고

$$\overline{SQ} = \sqrt{\overline{SH}^2 + \overline{HQ}^2} = \sqrt{6^2 + \overline{HQ}^2}$$

이므로 $\overline{HQ}$가 최대일 때 $\overline{SQ}$는 최대이다.

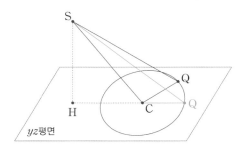

$\overline{CH} = 5$이고 원의 반지름의 길이는 3이므로 $\overline{HQ}$의 최댓값은 8이다. 따라서

$$(\overline{SQ} \text{의 최댓값}) = \sqrt{6^2 + 8^2} = 10$$

$$\therefore (\overline{PQ} \text{의 최댓값}) = (\overline{SQ} \text{의 최댓값}) + 4 = 14$$

정답 14

F·06

교과서적 해법 1

점 A에서 xy평면에 내린 수선의 발은 O이고, 직선 BC는 yz평면에 수직인 직선이므로

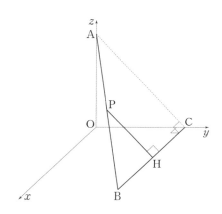

$$(\text{직선 AC}) \perp (\text{직선 BC}) \rightarrow \triangle ABC \backsim \triangle PBH$$
$$\rightarrow \frac{\overline{BH}}{\overline{BC}} = \frac{\overline{PH}}{\overline{AC}} = \frac{3}{5}$$

점 P에서 xy평면에 내린 수선의 발을 P′이라 하면 삼수선의 정리에 의해

$$(\text{직선 PH}) \perp (\text{직선 BC}), \quad (\text{직선 PP}') \perp (xy \text{평면})$$
$$\rightarrow (\text{직선 P'H}) \perp (\text{직선 BC})$$
$$\rightarrow \triangle OBC \backsim \triangle P'BH$$

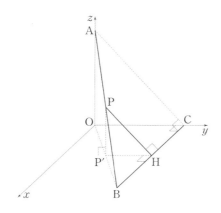

$\therefore$ (△P′BH의 넓이) = (△OBC 의 넓이) $\cdot \left(\dfrac{3}{5}\right)^2 = 10 \cdot \dfrac{9}{25}$

$= \dfrac{18}{5}$

[교과서적] 해법 2

[교과서적 해법1]에서 △ABC ∽ △PBH인 것을 알고 이번엔 △PBH의 넓이와 이면각을 활용하여 해결해 보자. 먼저 △PBH 의 넓이를 구해보자.

$\overline{BC}=5$, $\overline{AC}=5$이므로 $\overline{BH}=3$이고 △PBH의 넓이는 $\dfrac{9}{2}$이다.

이제 평면 PBH와 xy평면의 이면각을 구하면 되는데 △PBH는 평면 ABC 위에 있으므로 평면 ABC 와 xy평면의 이면각을 구하면 된다.

따라서 평면 ABC 와 xy평면의 이면각을 θ라 하면 삼수선의 정리와 이면각의 정의에 의해

(직선 OC)⊥(직선 BC), (직선 OA)⊥(xy평면)

→ (직선 AC)⊥(직선 BC)

→ $\theta = \angle ACO$

→ $\cos\theta = \dfrac{\overline{OC}}{\overline{AC}} = \dfrac{4}{5}$

$\therefore$ (정사영의 넓이) = (△PBH의 넓이)$\cdot\cos\theta = \dfrac{18}{5}$

정답 ③

F·07

정답률 21%

| Pattern | 13 | Thema | 9 |

| 2009.10·가 24번 |

[실전적] 해법

반지름의 길이가 1인 구의 중심을 A, 반지름의 길이가 2인 구의 중심을 B 라 하자.

공간도형에서의 단면화$^{Thema\ 34p}$를 활용하여 문제의 상황을 평면 π 위로 정사영하면 다음 그림과 같다.

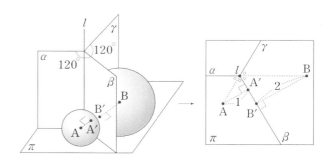

$\angle AlA' = \angle BlB' = \dfrac{\pi}{3}$이므로 두 직각삼각형 AlA', BlB'에서

$\overline{A'l} = \dfrac{\sqrt{3}}{3}$, $\overline{B'l} = \dfrac{2\sqrt{3}}{3}$이다.

이제 두 점 A, B에서 두 평면 β, π까지의 거리를 알고, 두 점 A′, B′에서 직선 l까지의 거리를 알고 있으므로 주어진 상황을 좌표평면에 두면 $\overline{AB}=d$의 값을 쉽게 구할 것이라 생각할 수 있다. 직선 l과 평면 π가 만나는 점을 원점, 두 평면 β, π의 교선을 x축, 직선 l을 z축이라 두자.

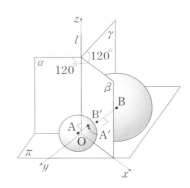

두 점 A, B를 중심으로 하는 구가 두 평면 β, π에 접하므로 두 점 A, B의 좌표는

A$(x_1, 1, 1)$, B$(x_2, -2, 2)$

이다. 이때 두 점 A, B의 x좌표는 각각 두 점 A′, B′의 x좌표와 같으므로

A$\left(\dfrac{\sqrt{3}}{3}, 1, 1\right)$, B$\left(\dfrac{2\sqrt{3}}{3}, -2, 2\right)$

→ $d^2 = \left(\dfrac{\sqrt{3}}{3}\right)^2 + 3^2 + 1^2 = \dfrac{31}{3}$

$\therefore 3d^2 = 31$

정답 31

F·08
CHALLENGE
| 2024.사관·기하 30번 |
Pattern   13   Thema

교과서적 해법

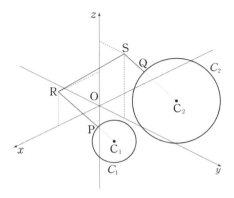

두 구 C_1, C_2의 중심을 각각 C_1, C_2라 하면

$$\overline{PR}+\overline{RS}+\overline{SQ} \geq \left(\overline{C_1R}+\overline{RS}+\overline{SC_2}\right)-\overline{PC_1}-\overline{C_2Q}$$
$$= \left(\overline{C_1R}+\overline{RS}+\overline{SC_2}\right)-3$$

이므로 $\overline{C_1R}+\overline{RS}+\overline{SC_2}$의 값이 최소인 상황을 구하면 된다. 이때 두 점 R, S는 각각 zx평면, yz평면 위의 점이므로 두 점 C_1, P_1을 zx평면에 대하여 대칭이동한 점을 각각 $C_1{}'$, $P_1{}'$이라 하고, 두 점 C_2, Q_1을 yz평면에 대하여 대칭이동한 점을 각각 $C_2{}'$, $Q_1{}'$이라 하면

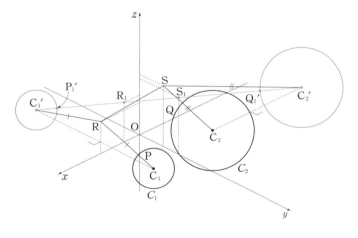

$$\overline{C_1R}=\overline{C_1{}'R}, \quad \overline{SC_2}=\overline{SC_2{}'}$$

따라서 두 점 R_1, S_1은 직선 $C_1{}'C_2{}'$ 위에 있어야 한다. 이때 두 점 $C_1{}'(3, -4, 1)$, $C_2{}'(-3, 8, 5)$에 대하여 직선 $C_1{}'C_2{}'$ 위의 두 점 R_1, S_1은 각각 zx평면, yz평면 위의 점이다. 즉, 두 점 R_1, S_1은 각각 선분 $C_1{}'C_2{}'$의 $1:2$ 내분점, $1:1$ 내분점이므로

$$\overline{C_1{}'C_2{}'}= 14, \quad R_1\left(1, 0, \frac{7}{3}\right), \quad S_1(0, 2, 3)$$
$$\rightarrow \quad \overline{C_1{}'R_1}=\frac{14}{3}, \quad \overline{R_1S_1}=\frac{7}{3}, \quad \overline{SC_2{}'}=7$$

이때 $\overline{P_1{}'R_1}=\overline{C_1{}'R_1}-\overline{C_1{}'P_1{}'}$, $\overline{S_1Q_1{}'}=\overline{S_1C_2{}'}-\overline{C_2{}'Q_1{}'}$ 이므로

$$\overline{P_1{}'R_1}=\frac{14}{3}-1=\frac{11}{3}, \quad \overline{S_1Q_1{}'}=7-2=5$$
$$\rightarrow \quad \overline{R_1X}=\overline{XS_1}+\frac{4}{3}$$
$$\rightarrow \quad \overline{R_1X}=\frac{11}{6}, \quad \overline{XS_1}=\frac{3}{6}$$
$$\rightarrow \quad \text{점 X는 선분 } R_1S_1\text{의 } 11:3 \text{ 내분점}$$

문제에서 묻는 값은 점 X의 x좌표이므로 x좌표만 확인하면 된다. 내분점 공식에 의해

$$(\text{점 } R_1\text{의 } x\text{좌표}) = 1, \quad (\text{점 } S_1\text{의 } x\text{좌표}) = 0$$
$$\rightarrow \quad (11:3 \text{ 내분점의 } x\text{좌표}) = \frac{1\cdot 3+0\cdot 11}{3+11} = \frac{3}{14}$$

$$\therefore (\text{점 X의 } x\text{좌표}) = \frac{3}{14} \quad \rightarrow \quad p+q=17$$

정답 17

F·09
CHALLENGE   정답률 18%   Pattern   13   Thema | 2023.10·기하 30번 |

교과서적 해법

원의 중심을 $E(0, 0, \sqrt{5})$ 라 하자. 선분 AB 가 구 S와 xy평면이 만나서 생기는 원 C의 지름이므로, 점 E 에서 xy에 내린 수선의 발이 원점 O 이고 O 는 원 C의 중심이다.

이때 △EOB 에서 $\overline{EB}=3$, $\overline{OE}=\sqrt{5}$ 이므로 피타고라스의 정리에 의해 $\overline{OB}=2$, $\overline{AB}=4$ 임을 알 수 있다.

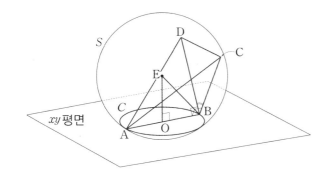

한편 두 평면 ABC , ABD 의 교선이 직선 AB 인데

(평면 BCD)⊥(직선 AB)
→ (직선 BC)⊥(직선 AB), (직선 BD)⊥(직선 AB)

이다. 따라서 이면각의 정의에 의해 두 평면 ABC , ABD 가 이루는 이면각의 크기는 ∠CBD 이다. 또한

$\angle CBA = \frac{\pi}{2}$, $\overline{BC}=\sqrt{15}$, $\overline{AB}=4$
→ (△ABC 의 넓이) $=\frac{1}{2}\times 4\times\sqrt{15} = 2\sqrt{15}$

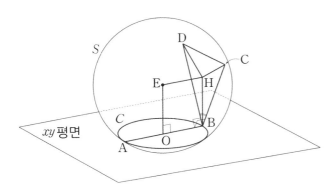

이제 ∠CBD 를 구하기 위해 삼각형 △BCD 를 보자. 점 E 에서 평면 BCD 에 내린 수선의 발을 H 라 하면 $\overline{EH}=\overline{OB}=2$ 이다.

이때 $\overline{HB}=\overline{EO}=\sqrt{5}$ 이고 H 는 구의 성질에 의해 △BCD 의 외접원의 중심이므로

$$\overline{HB}=\overline{HC}=\overline{HD}=\sqrt{5}$$

이다.

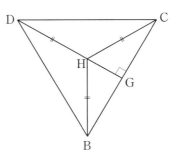

이제 △HBC 를 보자. 점 H 가 △BCD 의 외접원의 중심이므로 점 H 에서 선분 BC 에 내린 수선의 발을 G 라 하면 G 는 선분 BC 의 중점이다. 따라서

$$\overline{BG}=\frac{1}{2}\overline{BC}=\frac{\sqrt{15}}{2}$$
$$\to \quad \cos\angle HBG = \frac{\overline{BG}}{\overline{HB}} = \frac{\frac{\sqrt{15}}{2}}{\sqrt{5}} = \frac{\sqrt{3}}{2}$$
$$\to \quad \angle HBG = \frac{\pi}{6}$$

이때 △BCD 가 $\overline{BC}=\overline{BD}$ 인 이등변삼각형이므로

$$\angle CBD = 2\times\angle HBG = \frac{\pi}{3}$$

$$\therefore \ k = (\text{△ABC 의 넓이})\cdot\cos\frac{\pi}{3} = 2\sqrt{15}\cdot\frac{1}{2} = \sqrt{15}$$
$$\to \quad k^2=15$$

정답 15

119

F·10
CHALLENGE
Pattern 13 Thema
| 2023.사관·기하 29번 |

교과서적 해법

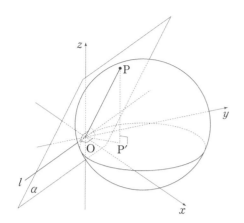

(가)조건을 먼저 보자. 점 P에서 xy평면에 내린 수선의 발을 P'이라 하면 직선 OP와 xy평면이 이루는 각은 $\angle POP'$이고 이 각이 평면 α와 xy평면의 이면각이다. 즉, 두 평면의 교선 l에 대하여

(직선 OP)$\perp$(직선 l), (직선 OP')$\perp$(직선 l)

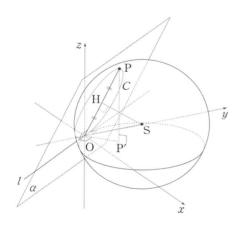

이때 (나)조건을 보면 선분 OP는 원 C의 지름이므로 구의 중심 S에서 평면 α에 내린 수선의 발 H는 선분 OP의 중점이다. 따라서 삼수선의 정리에 의해

(직선 OH)$\perp$(직선 l), (직선 SH)$\perp$(평면 α)
→ (직선 OS)$\perp$(직선 l)
→ (평면 OPS)$\perp$(직선 l)

이므로 두 점 $P(a, b, 7)$, $S(4, 3, 2)$에 대하여 $a:b=4:3$이다.[1] $a=4k$, $b=3k(k>0)$라 하면 $a^2+b^2=25k^2<25$이므로 $0<k<1$이고 이를 구의 방정식에 대입하면

$(4k-4)^2+(3k-3)^2+(7-2)^2=29 \iff 25(k-1)^2=4$

→ $k=\dfrac{3}{5}$ ($\because$ $0<k<1$)

따라서 점 P의 좌표는 $\left(\dfrac{12}{5}, \dfrac{9}{5}, 7\right)$이므로 $\overline{OP}=\sqrt{58}$, $\overline{OP'}=3$이고 원 C의 넓이는 $\dfrac{29}{2}\pi$이다. 이때 평면 α와 xy평면의 이면각은 $\angle POP'$이므로

$$\cos(\angle POP') = \dfrac{\overline{OP'}}{\overline{OP}} = \dfrac{3\sqrt{58}}{58}$$

→ (원 C의 xy평면 위로의 정사영의 넓이) $= \dfrac{3\sqrt{58}}{4}\pi$

$\therefore$ $k=\dfrac{3\sqrt{58}}{4}$ → $8k^2=261$

CHECK 각주   해설 본문의 각주

1) 세 점 O, P, S를 지나는 평면을 β라 하면 평면 β는 xy평면 위의 직선 l을 법선으로 가지므로 xy평면에 수직이다. 따라서 평면 β위의 두 점 P, S에서 xy평면에 내린 수선의 발을 P', S'이라 하면 세 점 O, P', S'은 한 직선 위에 있으므로 두 점 P, S의 x좌표와 y좌표 사이의 비는 같다.

정답   261

F·11

정답률 42%

해설 Thema 13 학습 | 2014.10·B 30번 |

Pattern   13   Thema   13

실전적 해법

$\triangle PQR$ 는 한 변의 길이가 1 인 정삼각형이므로 넓이는 $\dfrac{\sqrt{3}}{4}$ 이다. 이때 평면 PQR 와 xy 평면이 이루는 예각의 크기를 θ 라 하면

$$S = \frac{\sqrt{3}}{4}\cos\theta$$

이므로 S 가 최솟값을 가지려면 $\cos\theta$ 의 값이 최소여야 한다. 즉, θ 의 값이 최대일 때 S 의 값이 최소이다. 이때 평면 PQR 와 xy 평면의 교선을 찾기 쉽지 않으므로 [실전 개념]-두 평면의 법선이 이루는 각$^{Thema\ 48p}$을 활용하여

xy 평면의 법선인 z 축과 평면 PQR 의 법선이 이루는 각

을 구하자.

먼저 평면 PQR 의 법선을 구해보자. $\triangle PQR$ 는 정사면체의 한 면이므로 [실전 개념]-정사면체의 기본 성질$^{해설\ 81p}$에 의해 점 O 에서 평면 PQR 에 내린 수선의 발은 $\triangle PQR$ 의 무게중심이다. 따라서 $\triangle PQR$ 의 무게중심을 G 라 하면 평면 PQR 의 법선은 직선 OG 이다.

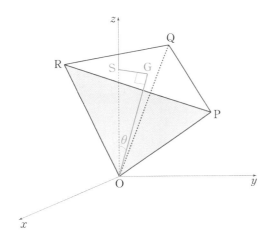

따라서 $\triangle PQR$ 와 z 축이 만나는 점을 S 라 하면 이면각 θ 는 $\angle GOS$ 이다. 이때 [실전 개념]-정사면체의 기본 성질$^{해설\ 81p}$을 활용하면 $\overline{OG} = \dfrac{\sqrt{6}}{3}$ 이므로 $\overline{GS}$ 의 값이 최대일 때 θ 의 값이 최대이다.[1]

이때 점 S 는 $\triangle PQR$ 와 z 축이 만나는 점이므로 $\triangle PQR$ 와 내부에 있는 점이다. 따라서 점 S 가 $\triangle PQR$ 의 세 꼭짓점 중 하나에 있을 때 $\overline{GS}$ 의 값이 최대이다. 즉, 점 S 가 점 P 에 있을 때 θ 의 값이 최대이고, $\cos\theta$ 의 값이 최소이다.[2]

$$(\cos\theta \text{ 의 최솟값}) = \frac{\overline{OP}}{\overline{OG}} = \frac{\sqrt{6}}{3}$$

$$\therefore (S \text{ 의 최솟값}) = \frac{\sqrt{3}}{4} \cdot \frac{\sqrt{6}}{3} = \frac{\sqrt{2}}{4}$$

$$\rightarrow \quad 160k^2 = 20$$

✏️ **두 평면의 법선이 이루는 각**   • 실전 개념

두 평면이 이루는 각의 크기는 두 평면의 법선이 이루는 각의 크기와 같다.

즉, 이면각의 크기는 법선이 이루는 각을 이용해 구할 수 있다.

✅ **CHECK** 각주   해설 본문의 각주

1) 정사면체의 두 이웃한 면이 이루는 각을 θ' 이라 하면 선분 PQ 의 중점 M 에 대하여

$$\sin\theta' = \sqrt{1-\cos\theta'} = \frac{2\sqrt{2}}{3}$$

$$\rightarrow \overline{OG} = \overline{OM}\cdot\sin\theta = \frac{\sqrt{3}}{2}\cdot\frac{2\sqrt{2}}{3} = \frac{\sqrt{6}}{3}$$

2) 점 S 가 점 Q 또는 점 R 에 있어도 된다.

정답 20

PART

2

2005 ~ 2025

교육청·사관학교·경찰대 선별

한 권으로
완 성하는
기 출

한 권으로
완 성하는
기 출

G·01

정답률 58% | Pattern 02 | Thema | |2013.7·B 28번|

교과서적 해법

정삼각형 ABC 의 움직임을 생각해 보자. [그림 1]에서 점 B 를 회전점으로 120° 회전시키면 변 BC 가 x축과 맞닿게 된다.

이때 변 BC 가 두 번째로 x축 위에 놓이려면 한 바퀴를 더 돌아야 하므로, [그림 2]는 $\triangle$ABC 가 x축과 변을 총 5번 맞닿은 상황임을 알 수 있다. 따라서

(타원의 장축 길이)$=5\times$(정삼각형 ABC 의 한 변 길이)

$\rightarrow\quad 2|a|=5\cdot 2\quad\rightarrow\quad a^2=25$

이를 바탕으로 점 A 의 좌표를 구하자.

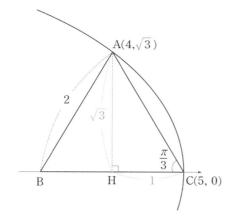

그림과 같이 점 A 의 좌표는 $\left(4,\ \sqrt{3}\right)$ 이므로 타원 위의 점 A 에 대하여

$$\frac{4^2}{5^2}+\frac{\left(\sqrt{3}\right)^2}{b^2}=1\quad\rightarrow\quad b^2=\frac{25}{3}$$

$$\therefore\ a^2+3b^2\ =\ 5^2+3\cdot\frac{25}{3}\ =\ 50$$

정답   50

G·02
정답률 57% | 해설 실전 개념 | | Pattern 12 | Thema 9 | |2013.7·B 14번|

실전적 해법

평면 α 와 평행하고 점 O 를 지나는 평면을 β 라 하고, 중심이 O 인 원과 평면 β 가 만나는 두 점을 A, B 라 하면 선분 AB 와 포물선으로 둘러싸인 부분의 넓이를 구하면 된다. 따라서 공간도형에서의 단면화$^{\text{Thema 34p}}$를 활용하자.

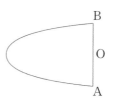

이때 포물선과 직선으로 둘러싸인 부분의 넓이를 구해야 하므로 포물선이 $x^2=4py$ 꼴이 되도록 단면화하자. 이때 $\overline{\text{OA}}=\overline{\text{OB}}=1$ 이므로 원의 중심 O 를 원점으로 하고, 점 $\text{A}(-1,\ 0)$, 점 $\text{B}(1,\ 0)$ 이 되도록 좌표평면을 잡을 수 있다.

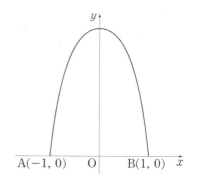

이제 포물선의 y 절편만 구하면 된다. 문제에서 원뿔의 높이가 주어져 있으므로 이번엔 점 O 를 지나고 직선 AB 에 수직인 평면으로 공간도형에서의 단면화$^{\text{Thema 34p}}$를 활용하자.

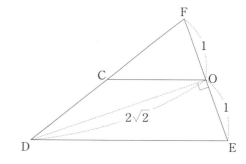

포물선이 y축과 만나는 점을 C, 원뿔이 평면 α 와 만나서 생기는 선분을 선분 DE, 점 O 를 중심으로 하는 원과 직선 OE 의 교점 중 점 E 가 아닌 점을 F 라 하자. 포물선의 y절편은 점 C 이므로 $\overline{\text{CO}}$ 를 구해야 한다.

(직선 DO)⊥(직선 EF)이므로 $\overline{DE}=3$ 이고, 두 직선 CO, DE는 서로 평행하므로 $\triangle DEF \infty \triangle COF$ 이다. 이때 두 삼각형의 닮음비는 $2:1$ 이므로 $\overline{CO}=\dfrac{3}{2}$ 이다.

이제 선분 AB와 포물선으로 둘러싸인 부분의 넓이를 구하자. 포물선이 세 점 $(-1,\,0)$, $(1,\,0)$, $\left(0,\,\dfrac{3}{2}\right)$ 를 지나므로 구하는 포물선은

$$y=-\frac{3}{2}x^2+\frac{3}{2}$$

이다. 따라서 구하는 부분의 넓이는

$$\int_{-1}^{1}\left(-\frac{3}{2}x^2+\frac{3}{2}\right)dx \;=\; \left[-\frac{1}{2}x^3+\frac{3}{2}x\right]_{-1}^{1} \;=\; 2 \;\cdots^{1)}$$

✅ **CHECK** 각주   해설 본문의 각주

1) 넓이를 구할 때, [실전 개념]-이차함수와 관련된 도형의 넓이^{수학2 Thema} ^{78p}를 활용하여 구할 수 있다.

$$(\text{구하는 부분의 넓이}) \;=\; \frac{1}{6}\cdot\left|-\frac{3}{2}(1+1)^3\right| \;=\; 2$$

✏️ **이차함수와 관련된 도형의 넓이**   ● 실전 개념

두 함수 $y=f(x)$, $y=g(x)$ 에 대하여 $f(x)-g(x)=a(x-\alpha)(x-\beta)$ 로 표현할 수 있다면, 두 곡선 $y=f(x)$, $y=g(x)$ 로 둘러싸인 부분의 넓이는 다음과 같다.

$$\int_{\alpha}^{\beta}|a(x-\alpha)(x-\beta)|\,dx=\left|\frac{a(\beta-\alpha)^3}{6}\right|$$

이를 적용할 수 있는 대표적인 상황의 그래프는 다음과 같다.

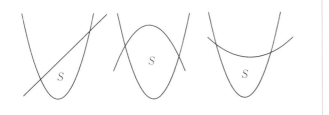

정답 ④

G·03
CHALLENGE | 2016.사관·B 20번 |

| Pattern | 12 | Thema | 9 |

실전적 해법

구의 정사영은 구의 반지름의 길이와 같은 원이므로 정사영의 정의에 맞게 구의 중심 O_1 을 지나고 태양광선과 수직인 평면을 그리자. 이 평면을 α 라 하면 다음과 같이 그려진다.

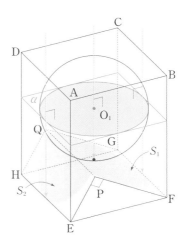

구와 평면 α 가 만나서 생기는 원을 C 라 하면 원 C 는 삼각기둥의 두 옆면에 생긴 그림자에서 평면 α 에 내린 정사영이다. 따라서 정사영의 정의에 의해 위 상황은 다음과 같이 그림을 돌려서 생각할 수 있다.

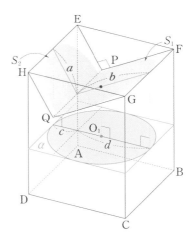

따라서 S_1, S_2 를 구하기 위해 평면 α 와 두 평면 PFGQ, EPQH의 이면각을 각각 θ_1, θ_2 라 하면

$$\cos\theta_1=\frac{d}{b}, \quad \cos\theta_2=\frac{c}{a} \;\cdots^{\bigstar)}$$

이때 구와 삼각기둥이 한 점에서 만나므로 공간도형에서의 단면화^{Thema 34p}를 활용하여 평면 CDHG에 평행하고 구의 중심 O_1 을 지나는 평면으로 단면화하자.

G

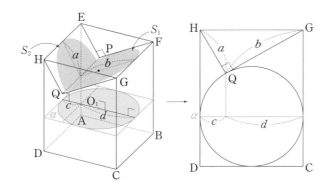

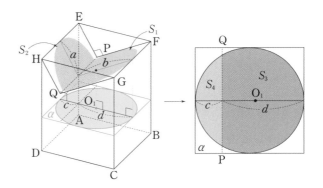

단면화한 그림에서 △QHG와 원이 한 점에서 만나야 한다. 따라서 선분 HG를 지름으로 하는 반원을 그려 상황을 다시 파악해 보자.

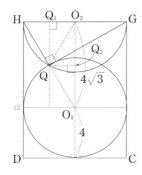

선분 HG를 지름으로 하는 반원의 중심을 O_2라 하면 점 Q는 선분 HG를 지름으로 하는 반원의 호 위의 점인데 △QHG와 원이 한 점에서 만나야 하므로 점 P는 원과 반원의 교점이다.

이때 원의 반지름의 길이가 4이므로 $\overline{O_1O_2}=4\sqrt{3}$이고 점 Q에서 두 선분 HG, O_1O_2에 내린 수선의 발을 각각 Q_1, Q_2라 하면

$$\overline{O_1Q}=\overline{O_2Q}=4,\quad \overline{O_1Q_2}=\overline{O_2Q_2}=2\sqrt{3}$$
$$\rightarrow\quad \overline{QQ_2}=\overline{O_2Q_1}=2$$

따라서 $\overline{QQ_1}=2\sqrt{3}$, $\overline{HQ_1}=2$이므로 $\angle QHG=\dfrac{\pi}{3}$이고

$$a=4,\ b=4\sqrt{3},\ c=2,\ d=6$$
$$\rightarrow\quad \cos\theta_1=\frac{\sqrt{3}}{2},\quad \cos\theta_2=\frac{1}{2}$$

임을 쉽게 알 수 있다. 이제 S_1, S_2의 값을 구해보자. 공간도형에서의 단면화$^{Thema\ 34p}$를 활용하여 평면 α로 단면화하면 다음과 같다.

삼각기둥의 두 옆면 PFGQ, EPQH에 생기는 구의 그림자에서 평면 α에 정사영 내린 부분의 넓이는 각각 오른쪽 그림의 S_3, S_4와 같으므로

$$S_3=S_1\cdot\cos\theta_1,\quad S_4=S_2\cdot\cos\theta_2$$
$$\rightarrow\quad S_1=\frac{2}{\sqrt{3}}S_3,\quad S_2=2S_4$$
$$\rightarrow\quad S_1+\frac{1}{\sqrt{3}}S_2=\frac{2}{\sqrt{3}}(S_3+S_4)$$

이때 S_3+S_4는 반지름의 길이가 4인 원의 넓이와 같으므로

$$\therefore\ S_1+\frac{1}{\sqrt{3}}S_2=\frac{2}{\sqrt{3}}(S_3+S_4)=\frac{2}{\sqrt{3}}\cdot16\pi=\frac{32\sqrt{3}}{3}\pi$$

논리적 정당화

★을 논리적으로 확인하자. 직선 PQ와 평면 α 모두 태양광선과 수직이므로 (직선 PQ) ∥ (평면 α)이다. 따라서 직선 PQ가 평면 α 위에 존재하도록 평면 α를 평행이동하면 다음과 같다.

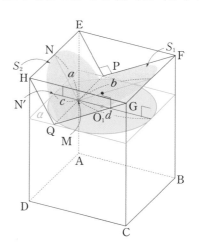

이때 직선 PQ는 두 평면 EPQH, α의 교선이다. 따라서 두 선분 PQ, EH의 중점을 각각 M, N이라 하고 점 N에서 평행이동한 평면 α에 내린 수선의 발을 N′이라 하면 삼수선의 정리와 이면각의 정의에 의해

(직선 MN)⊥(직선 PQ), (직선 NN′)⊥(평면 α)

→ (직선 MN′)⊥(직선 PQ)

→ (이면각) = ∠NMN′

→ $\cos\theta_2 = \dfrac{\overline{\mathrm{MN'}}}{\overline{\mathrm{MN}}} = \dfrac{c}{a}$

이다. 마찬가지 방법으로 두 평면 PFGQ, α가 이루는 이면각을 θ_1이라 하면 $\cos\theta_1 = \dfrac{d}{b}$ 이다.

정답   ④

G·04
CHALLENGE   정답률 15% | 2016.7·가 29번 |

Pattern   12   Thema

교과서적 해법 1

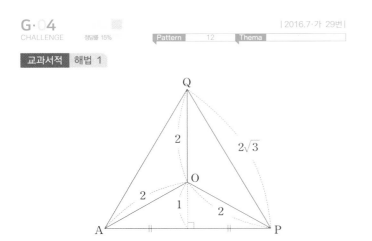

정삼각형 APQ의 한 변의 길이가 $2\sqrt{3}$ 이므로 △APQ의 외접원의 반지름의 길이는

$$2\sqrt{3} \times \frac{\sqrt{3}}{2} \times \frac{2}{3} = 2$$

이다. 이때 구 S의 반지름의 길이도 2이므로 구 S의 중심이 △APQ의 외심 O임을 알 수 있다.

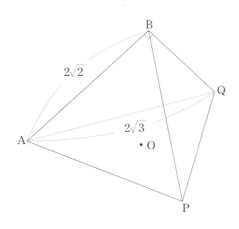

이제 평면 APB와 평면 APQ의 이면각을 구하자. 두 평면이 이루는 각을 구하려면 삼수선의 정리 또는 정사영을 활용해야 하는데, 이를 위해서는 점 B에서 평면 APQ에 내린 수선의 발 또는 점 Q에서 평면 APB에 내린 수선의 발을 찾는 것이 관건임을 파악할 수 있다.

이때, 주어진 조건에서 △APQ와 △ABQ에 대한 정보가 많이 주어져 있으므로 이 조건들을 먼저 해석해 보자.

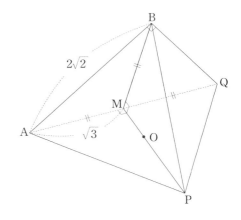

선분 AQ의 중점을 M이라 하면 점 M은 △ABQ의 외심이므로 점 M을 중심으로 하는 △ABQ의 외접원을 그릴 수 있고, 자연스레 다음 그림이 떠오를 것이다.

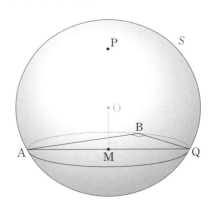

그림과 같이 구의 중심에서 단면에 내린 수선의 발은 항상 그 원의 중심이므로

(직선 OM)⊥(평면 ABQ)

→ (평면 APQ)⊥(평면 ABQ)

임을 알 수 있다. 따라서 점 B에서 평면 APQ에 내린 수선의 발 H는 두 평면 ABQ와 APQ의 교선인 직선 AQ 위에 위치한다. 이제 삼수선의 정리를 활용하여 두 평면 APB와 APQ의 이면각을 구해보자.

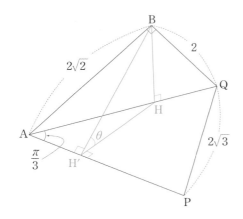

점 H에서 직선 AP에 내린 수선의 발을 H′이라 하면 삼수선의 정리와 이면각의 정의에 의해

(직선 BH)⊥(평면 APQ), (직선 HH′)⊥(직선 AP)
→ (직선 BH′)⊥(직선 AP)
→ 이면각 = ∠BH′H = θ

임을 알 수 있다. 이제 △ABQ를 분석하여 △BHH′의 변의 길이들을 구해보자. △ABQ에서 피타고라스의 정리를 사용하면

$$\overline{BQ} = \sqrt{\overline{AQ}^2 - \overline{AB}^2} = \sqrt{(2\sqrt{3})^2 - (2\sqrt{2})^2} = 2$$

이때 △ABQ∽△AHB 이므로

$$\overline{AQ}:\overline{AB} = \overline{AB}:\overline{AH} = \overline{BQ}:\overline{BH}$$
$$\rightarrow \quad \sqrt{3}:\sqrt{2} = 2\sqrt{2}:\overline{AH} = 2:\overline{BH}$$
$$\rightarrow \quad \overline{AH} = \frac{4}{\sqrt{3}}, \quad \overline{BH} = \frac{2\sqrt{2}}{\sqrt{3}}$$
$$\rightarrow \quad \overline{HH'} = \overline{AH} \cdot \sin\frac{\pi}{3} = 2 \ (\because \ \angle QAP = \frac{\pi}{3})$$

따라서 △BHH′에서 피타고라스의 정리를 사용하면

$$\overline{BH'} = \sqrt{\overline{BH}^2 + \overline{HH'}^2} = \frac{2\sqrt{5}}{\sqrt{3}}$$

$$\Downarrow$$

$$\cos\theta = \frac{\overline{HH'}}{\overline{BH'}} = \frac{2}{\frac{2\sqrt{5}}{\sqrt{3}}} = \frac{\sqrt{3}}{\sqrt{5}}$$

$$\therefore \ 100\cos^2\theta = 100 \cdot \frac{3}{5} = 60$$

교과서적 해법 2

[교과서적 해법1]에서 점 M이 △ABQ의 외심이라는 것까지 파악했다면 다음 그림을 살펴보자.

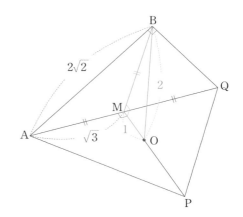

△OMB에서 점 B는 구 S 위의 점이므로 $\overline{OB}=2$, 점 M은 △ABQ의 외심이므로 $\overline{BM}=\sqrt{3}$, 정삼각형 APQ의 외심 O에 대하여 $\overline{OM}=1$이다. 이때

$$\overline{OM}^2 + \overline{BM}^2 = \overline{OB}^2$$

이므로 △OMB는 $\angle BMO = \frac{\pi}{2}$인 직각삼각형이다. 따라서

(직선 OM)⊥(직선 AQ), (직선 OM)⊥(직선 MB)

이고, 직선 OM에 수직인 두 직선 AQ, MB를 포함하는 평면 ABQ에 대하여

(직선 OM)⊥(평면 ABQ)
→ (평면 APQ)⊥(평면 ABQ)

임을 알 수 있다. 이후 풀이는 [교과서적 해법1]과 동일하다.

정답 ▶ 60

G·05

정답률 24%

| Pattern | 12 | Thema | 9 |

2015.7·B 30번

실전적 해법

세 점 D, E, F 가 각각 세 직선 OA, OB, OC 위에 있다는 것에 유의하자. 두 점 D, F 가 평면 OAC 위의 점이므로 공간도형에서의 단면화$^{Thema\ 34p}$를 활용하여 평면 OAC 로 단면화하면 다음 그림과 같다.

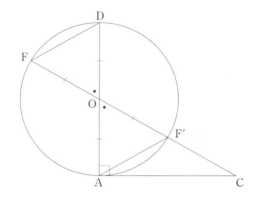

선분 OC 가 구와 만나는 점을 F′ 이라 하면

$$\overline{OF} = \overline{OF'} = \overline{OD} = \overline{OA} = 2, \quad \angle DOF = \angle AOF'$$
$$(\because \text{맞꼭지각})$$
$$\rightarrow \triangle DOF \equiv \triangle AOF'$$

마찬가지 방법으로 주어진 그림을 각각 평면 OAB, OBC 로 단면화하면 선분 OB 가 구와 만나는 점 E′ 에 대하여

$$\triangle DOE \equiv \triangle AOE', \quad \triangle EOF \equiv \triangle E'OF'$$

임을 쉽게 알 수 있다.[1]

이때 직선 AD 와 평면 OBC 가 이루는 예각의 크기를 θ 라 하고, 두 점 A, D 에서 평면 OBC 에 내린 수선의 발을 각각 A′, D′ 이라 하면 [저자의 특강]-직선과 평면이 이루는 각을 구하는 알고리즘$^{해설\ 77p}$에 의해

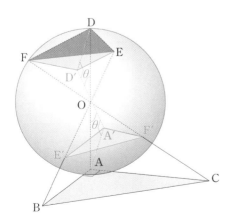

$$\angle DOD' = \angle AOA' = \theta \quad \rightarrow \quad \overline{OD'} = \overline{OA'}$$

따라서

$$\triangle OD'E \equiv \triangle OA'E', \quad \triangle OD'F \equiv \triangle OA'F'$$
$$\rightarrow \quad \triangle D'EF \equiv \triangle A'E'F'$$
$$\rightarrow \quad S = (\triangle A'E'F' \text{의 넓이})$$

이므로 $\triangle A'E'F'$ 의 넓이를 구하자. 문제의 조건에 의해

$$\overline{OA} = 2, \quad \overline{AB} = \overline{AC} = 2\sqrt{3}$$
$$\rightarrow \quad \angle AOE' = \angle AOF' = \frac{\pi}{3}$$

이고 두 점 E′, F′ 은 구 위의 점이므로 $\overline{OE'} = \overline{OF'} = 2$ 이다. 따라서 $\triangle AE'F'$ 은 $\overline{AE'} = \overline{AF'} = 2$ 인 이등변삼각형이고 점 A 에서 직선 E′F′ 에 내린 수선의 발은 선분 E′F′ 의 중점이다. 이 점을 M 이라 하면 삼수선의 정리에 의해

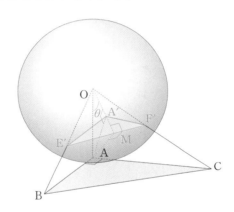

$$(\text{직선 AM}) \perp (\text{직선 E'F'}), \quad (\text{직선 AA'}) \perp (\text{평면 OE'F'})$$
$$\rightarrow \quad (\text{직선 A'M}) \perp (\text{직선 E'F'})$$
$$\rightarrow \quad (\text{삼각형 A'E'F' 의 넓이}) = \frac{1}{2} \cdot \overline{E'F'} \cdot \overline{A'M}$$

문제의 주어진 조건에 의해

$$\overline{OB} = \overline{OC} = 4, \quad \overline{OE'} = \overline{OF'} = 2$$

이므로 $\triangle OBC \backsim \triangle OE'F'$ 이고 닮음비는 $2:1$ 이다. 따라서 $\overline{E'F'} = \dfrac{\overline{BC}}{2} = \sqrt{6}$ 이다. 이때 두 삼각형 OE′F′, OBC 는 이등변삼각형이므로 선분 BC 의 중점을 N 이라 하면 점 O 에서 두 직선 E′F′, BC 에 내린 수선의 발은 M, N 이고 네 점 O, A′, M, N 은 한 직선 위에 존재한다.

따라서 공간도형에서의 단면화$^{Thema\ 34p}$를 활용하여 평면 OAN 으로 단면화 하면 다음 그림과 같다.

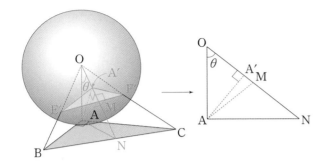

이때 $\overline{AN} = \sqrt{6}$ 이므로

$$\overline{ON} = \sqrt{10} \rightarrow \overline{MN} = \frac{\sqrt{10}}{2}, \quad \cos(\angle ANO) = \frac{\sqrt{15}}{5}$$

이고 $\triangle ANA'$ 에서

$$\overline{A'N} = \overline{AN} \cdot \cos(\angle ANO) = \frac{3\sqrt{10}}{5}$$

$$\rightarrow \overline{A'M} = \overline{A'N} - \overline{MN} = \frac{\sqrt{10}}{10}$$

$$\rightarrow S = \frac{1}{2} \cdot \overline{E'F'} \cdot \overline{A'M} = \frac{\sqrt{15}}{10}$$

$$\therefore 100S^2 = 15$$

교과서적 해법

문제에서 $\triangle DEF$ 의 평면 OBC 위로의 정사영의 넓이를 묻고 있으므로 두 평면 DEF, OBC 사이의 관계가 문제풀이의 관건이다.

이때, 두 점 E, F 는 두 직선 OB, OC 위의 점이므로 두 점 E, F 는 평면 OBC 위의 점이다. 즉, 두 평면 DEF, OBC 의 교선은 직선 EF 이므로 점 D 와 교선 EF 에서의 삼수선을 생각하면 된다.

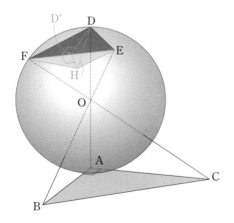

점 D 에서 평면 OBC 에 내린 수선의 발을 H, 직선 EF 에 내린 수선의 발을 D′ 이라 하면 삼수선의 정리에 의해

$$\text{(직선 DH)} \perp \text{(평면 OBC)}, \quad \text{(직선 DD′)} \perp \text{(직선 EF)}$$

$$\rightarrow \text{(직선 D′H)} \perp \text{(직선 EF)}$$

$$\rightarrow \text{(}\triangle EFH \text{의 넓이)} = \frac{\overline{EF} \cdot \overline{D'H}}{2} = S$$

이때 $\overline{AB} = \overline{AC} = 2\sqrt{3}$ 이므로 $\angle AOB = \angle AOC = \frac{\pi}{3}$ 이고

$$\angle DOE = \angle AOB = \frac{\pi}{3}, \quad \angle DOF = \angle AOC = \frac{\pi}{3}$$

$$(\because \text{맞꼭지각})$$

$$\rightarrow \overline{DE} = \overline{DF} = 2$$

즉, $\triangle DEF$ 는 이등변삼각형이다. 이때 $\triangle OEF$ 에서 $\overline{OE} = \overline{OF} = 2$ 이므로 $\triangle OEF$ 도 이등변삼각형이고, 두 이등변삼각형 DEF 와 OEF 는 서로 합동이다. 따라서 두 점 D, O 에서 직선 EF 에 내린 수선의 발 D′ 은 직선 EF 의 중점이다.

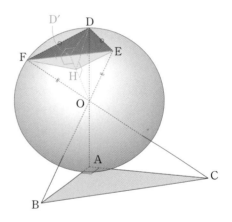

이제 $\triangle EFH$ 의 넓이를 구해보자. 두 삼각형 OEF, OBC 는 이등변삼각형이고

$$\angle EOF = \angle BOC \ (\because \text{맞꼭지각})$$

이므로 서로 닮음이다. 이때 $\overline{OE} = 2$, $\overline{OB} = 4$ 이므로 닮음비는 $1:2$ 이고 $\overline{BC} = 2\sqrt{6}$ 이므로 $\overline{EF} = \sqrt{6}$ 이다. $\triangle DEF$ 에서

$$\overline{DE} = \overline{DF} = 2, \quad \overline{EF} = \sqrt{6}$$

$$\rightarrow \overline{DD'} = \sqrt{2^2 - \left(\frac{\sqrt{6}}{2}\right)^2} = \frac{\sqrt{10}}{2}$$

이고 두 이등변삼각형 DEF 와 OEF 는 서로 합동이므로 $\overline{OD'} = \overline{DD'} = \frac{\sqrt{10}}{2}$ 이다. 따라서 이등변삼각형 ODD′ 에서

$$\cos(\angle DOD') = \frac{\frac{1}{2} \cdot \overline{OD}}{\overline{OD'}} = \frac{\sqrt{10}}{5}$$

$$\rightarrow \quad \overline{OH} = \overline{OD} \cdot \cos(\angle DOD') = \frac{2\sqrt{10}}{5}$$

$$\rightarrow \quad \overline{D'H} = \overline{OD'} - \overline{OH} = \frac{\sqrt{10}}{10}$$

$$\therefore \quad S = \frac{\overline{EF} \cdot \overline{D'H}}{2} = \frac{\sqrt{15}}{10} \quad \rightarrow \quad 100S^2 = 15$$

✅ CHECK **각주**   해설 본문의 각주

1) 두 점 D와 A, 두 점 E와 E′, 두 점 F와 F′이 각각 점 O에 대하여 공간에서 대칭이라고 생각하면 이해하기 쉽다.

정답 15

G·06   정답률 41% | 2014.7·B 30번 |
Pattern   12   Thema   9

실전적 해법

삼각형의 평면에 대한 정사영의 넓이를 묻고 있으므로 두 평면 MPQ, DEG가 이루는 예각의 크기를 구해야 한다. 이를 θ라 두고 $\triangle$MPQ의 넓이에서 $\cos\theta$를 곱하면 된다.

먼저 $\triangle$MPQ의 넓이를 구해보자. 선분 MN은 직선 AC 위에 있고, 사각형 ABCD의 두 대각선 AC, BD는 원기둥의 밑면 α의 중심을 지난다. 따라서 선분 MN은 원기둥의 밑면 α의 지름이다.

마찬가지로 원기둥의 밑면 β의 중심을 지나는 평면 BFHD 위에 있는 선분 PQ도 원기둥의 밑면 β의 중심을 지나므로 선분 PQ는 밑면 β의 지름이다.

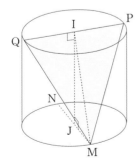

따라서 두 선분 PQ, MN의 중점을 각각 I, J라 하면 $\overline{JM}$은 원기둥의 밑면의 반지름의 길이와 같으므로 $\overline{JM} = \sqrt{2}$이고

$$\overline{IM} = \sqrt{\overline{JM}^2 + \overline{IJ}^2} = \sqrt{2+4} = \sqrt{6}$$

$$\rightarrow \quad (\triangle\text{MPQ의 넓이}) = \frac{1}{2} \cdot 2\sqrt{2} \cdot \sqrt{6} = 2\sqrt{3}$$

문제에서 두 밑면 α, β와 두 평면 AEGC, BFHD가 만나서 생기는 선분에 대한 조건이 주어져 있으므로 공간도형에서의 단면화$^{\text{Thema 34p}}$를 활용하자.

평면 BFHD로 자른 절단면을 보면 (선분 PQ) ∥ (선분 BD)이다.

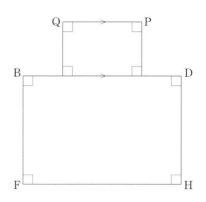

이번엔 평면 AEGC로 자른 절단면을 보자. 선분 EG의 중점을 K라 하면 $\overline{IJ}=2$, $\overline{JK}=4$, $\overline{JM}=\sqrt{2}$, $\overline{KG}=2\sqrt{2}$이므로

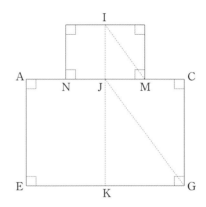

$$\tan(\angle JGK) = \tan(\angle IMJ) = \sqrt{2}$$
$$\rightarrow \quad (\text{선분 IM}) \parallel (\text{선분 JG})$$

이다. 이를 다시 공간에서 보면

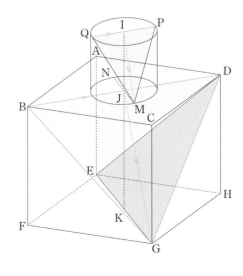

(선분 PQ) // (선분 BD), (선분 IM) // (선분 JG)
→ (평면 MPQ) // (평면 GDB)

이므로 두 평면 GDB, DEG가 이루는 예각의 크기를 구하면 된다.

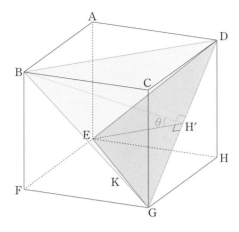

이때 두 삼각형 GDB, DEG는 정삼각형이므로 두 점 B, E에서 선분 DG에 내린 수선의 발은 선분 DG의 중점이다. 이 점을 H′이라 하면 이면각의 정의에 의해 ∠BH′E = θ이다.

두 정삼각형 GDB, DEG의 한 변의 길이가 $4\sqrt{2}$ 이므로 $\overline{BH'} = \overline{EH'} = 2\sqrt{6}$ 이고 $\overline{BE} = 4\sqrt{2}$ 이므로 △BH′E에서 코사인 법칙에 의해[1]

$$\cos\theta = \left| \frac{(2\sqrt{6})^2 + (2\sqrt{6})^2 - (4\sqrt{2})^2}{2 \cdot 2\sqrt{6} \cdot 2\sqrt{6}} \right| = \frac{1}{3}$$

→ (정사영의 넓이) = (△MPQ의 넓이)·$\cos\theta = \frac{2}{3}\sqrt{3}$

∴ $a = 3$, $b = 2$ → $a^2 + b^2 = 13$

⊘ CHECK **각주**   해설 본문의 각주

1) 두 삼각형 GDB, DEG가 정삼각형이고, $\overline{BE}$ 가 정삼각형의 한 변의 길이와 같다는 것을 통해 사면체 BGDE가 정사면체인 것을 파악했다면 [실전 개념]-정사면체의 기본 성질$^{해설\ 81p}$에 의해 $\cos\theta = \frac{1}{3}$ 임을 쉽게 알 수 있다.

정답 13

PART
2

G

지은이 이해원 **발행인** 오우석 **펴낸곳** 시대인재북스 **발행일** 초판 2024/12/12
출판신고 2017년 5월 11일 제2017-000158호 **주소** 서울특별시 강남구 도곡로 462, 2층(대치동)
홈페이지 www.sdijbooks.com **이메일** sdijbooks@hiconsy.com